室内设计
一页纸创意法

INTERIOR DESIGN
One Page Creative Idea

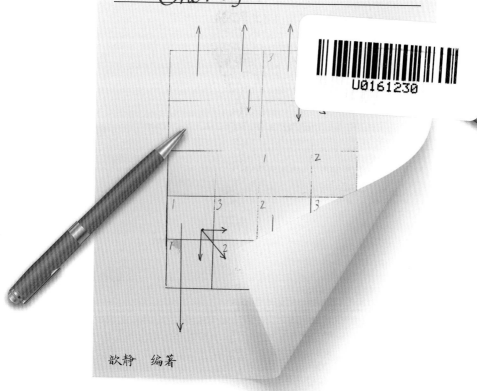

歆静 编著

中国电力出版社
CHINA ELECTRIC POWER PRESS

内 容 提 要

　　本书通过"一页纸"的形式为主线，详细介绍了室内设计师应该掌握的工作方法，将诸多设计和创意思想，通过"一页纸"来表述、推敲和演绎，最终得到令人满意的设计方案，让室内设计成为轻松简单的工作，让设计更加一目了然。本书通过单页式表述内容，阅读轻松直观，方便查阅，创意速度快，适用于不同层次的室内设计师与设计爱好者阅读。

图书在版编目（CIP）数据

室内设计一页纸创意法 / 歆静编著． — 北京：中国电力出版社，2020.8
ISBN 978-7-5198-4600-8

Ⅰ．①室… Ⅱ．①歆… Ⅲ．①室内装饰设计 Ⅳ．① TU238.2

中国版本图书馆 CIP 数据核字（2020）第 065756 号

出版发行：中国电力出版社
地　　址：北京市东城区北京站西街 19 号（邮政编码 100005）
网　　址：http://www.cepp.sgcc.com.cn
责任编辑：乐　苑　（010-63412380）
责任校对：黄　蓓　王海南
装帧设计：唯佳文化
责任印制：杨晓东

印　　刷：北京瑞禾彩色印刷有限公司
版　　次：2020 年 8 月第一版
印　　次：2020 年 8 月北京第一次印刷
开　　本：710 毫米 ×1000 毫米　16 开本
印　　张：11.5
字　　数：205 千字
定　　价：68.00 元

版 权 专 有　侵 权 必 究

本书如有印装质量问题，我社营销中心负责退换

前 言 >>>

本书将介绍如何使用"一页纸"整理室内空间设计工作中遇到的各种信息，从而提高设计师创意构思能力。例如，将混乱的信息整理成"一页纸"，就会清晰明了，一目了然。通过整理收集到的信息，可以提高设计创意水平和效率。

"没有一丝的头绪。"

"方案创意构思不知从何着手。"

"设计上和生活上都堆积了许多的事要做，却不知从何处开始做起。"

这些问题都不是表面上的技术问题造成的，而是因为收集到的信息量大，需要进行分类整理，找出重点，然后再开始行动。

将自己想做的事整理成"一页纸"，那么每天就会过得既充实又有意义。其实我们身边发生的大多数问题都能用"一页纸"的方式解决。

整理"一页纸"

一名室内设计师，常用的信息实物记载媒介就是一张 A3、A4 或 B5 纸。无论是方案计划书、方案报告书，还是会议记录，都可以要整理成"一页纸"，所以室内设计师每天都要整理各种信息，最后汇总成"一页纸"。

当我们从事室内设计工作的时候，经常能亲眼见证"一页纸"的功劳。活用室内设计"一页纸"可以节省时间、极速创意、提高设计效率，甚至能缩短加班时间。"一页纸"不仅能提高工作效率，还能带来实际的设计效果。

那么，室内设计师究竟是如何整理"一页纸"的呢？其实，在设计公司内部没有具体规定应该如何去书写这"一页纸"。整理成"一页纸"是一个过程，同时也是整理自己思维的过程。

我们参考并模仿资深设计师整理的"一页纸"，并且不断地修正完善，在不间断的反复过程中逐渐找到适合自己的"一页纸"整理方法，为我们节约更多的时间。

这套方法通过 Excel 来整理思维框架。当读者不会整理信息、找不到重点、不知道应该说什么、思维混乱时，通过使用 Excel 这个框架，就能轻松调整理思路。

只需"一页纸"和一支"五色笔"

对于室内设计工作中遇到的各种信息，我们不需要死记硬背，而是通过亲自实践来掌握，通过"一页纸"整理信息，提高沟通能力。准备好"一页纸"和一支"五色笔"，无论是谁、无论何时何地都可以简单完成。

无论是方案计划书、方案报告书、PPT 资料等工作上的文件，还是开会、日常管理、指导下属等与设计相关的工作，甚至是事情堆积得太多不知从何做起时、挑战新项目时、想将书中的内容实践到生活中时、向别人推荐一部好电影时、希望高效学习时、想背单词时等等，这种思维整理技巧在任何场合都可以使用。看过这本书的人不仅学会了解决设计上的问题，生活中各种问题也通过这种方法得到解决，人生也将会越来越美好。"一页纸"不是整理思维和设计方案的工具，而是解决问题时的一个工具。

本书不仅列举了与设计相关的例子，还列举了各种日常生活场景中的实例。所以大家不仅要将这种方法用于设计中，还要广泛应用于日常生活中。只要坚持，你的设计与生活就会越来越好。

筑美设计总监：

2020 年 6 月

目　录 .... >>>

第1章
不断提升自己的"总结"能力

识读难度： ★☆☆☆☆

核心概念： 视角、目的、行动、Excel

章节导读： 本章总结出超简单的室内设计工作技能，并付诸行动来展开实践
活动，从而得到较高的工作效率。

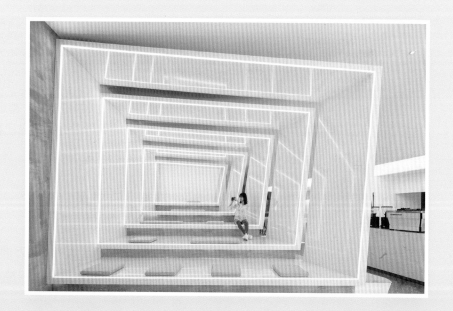

1.1 颠覆传统的设计观念

　　我们从事室内设计工作时，经常要总结开会内容。总结指的就是总结成"一页纸"。虽然，各公司要求设计师们把所有资料都整理成文案，方便以后在工作中运用，但却没有一个固定的模式。这种整理方式的本质其实是整理思维。当然，公司内部也没有人用语言将这种方式整理出来，所以，企业领导也不会具体教你应该怎样去整理。但是，正因为没有明文规定，所以设计师在日常方案设计中才出现了各种各样的做法，但是大家都会一致认同一个道理：

　　▲ 思维整理 = 总结方法。

　　下面就介绍从事室内设计行业的颠覆性观念。

　　▲ 要将设计信息或资料整理成可以向别人解释说明
　　　的文字材料。

　　无论是设计计划书、设计报告书、会议记录，还是汇报的资料等，整理它们的目的是向别人解释说明，是用来说服、满足客户要求的，而不是为了给自己看的。
　　这也可以得到第二个提示：

　　▲ 整理设计信息 = 整理设计思维。

　　无论什么时间、什么场合、什么主题，只要别人询问关于室内设计方面的问题，设计师都能条理清晰地回答出来，并且整理有关信息，找到更加轻松的方法。

　　▲ 以向别人解释说明为前提进行思维整理。

那么说得更简单点，就是：

▲ 为了其他人进行总结 = 整理自我。

举个例子，我们现在要处理一个客户的餐厅设计方案。

有位餐厅老板请我们负责他的餐厅装修，我们需要给他制订一套既有创意又符合餐厅老板要求的设计和施工方案。

你是否觉得很难下手呢？

那么假设现在的前提是：餐厅老板提出了一些自己的想法。

为了满足这个前提，我们头脑中就会浮现几个疑问。例如，餐厅老板偏向哪种设计风格？有哪些细节上的硬性要求？整个餐厅的预算不能超过多少？哪些地方的设计需要考虑客户的要求？我们这样设计客户会喜欢吗？等等。

只要顺着这几个问题思考下，餐厅的设计方案就自然整理出来了。例如，需要设计的空间类型，商业空间的经营具体范围，客户不想要的设计方案类型等。有的时候需要对前来的客户进行详细的解释与说明，确保我们足够地了解客户的想法。如此一来，就有一个初步的设计方向了，如这个餐厅的设计风格等。

依此总结下来，就会得到一个观念：

▲ 以"让别人理解"为前提，就能看见"总结"的方向，从而选择和筛选信息，进而再去"整理"。

如果发现自己一旦改变视角就不知道如何思考，大脑中一片混乱，那很可能是因为自己大脑中的对象是"自己"而不是"对方"。多数情况下，信息整理不成"一页纸"，是因为大多数人想的是"自己想表达什么"，而不是"对方想知道什么"。因此，改变视角，我们离"一页纸"就更进一步了。

如果将视角从"自我"转换成"对方"，设计师的思维整理能力将会得到质的飞跃。这种区别于传统设计观念的工作方法，给室内设计行业注入了新的活力。

1.2 寻找新的设计目标

在设计工作前期，我们需要获取大量设计信息，如面积、风格、造价、适用人群和物业要求等，现在大脑中的信息如下图一样特别混乱。在这种情况下，即使想去整理大脑中的信息，也经常无从下手，常常让人感到"脑补"无力。

现在，我们将同类信息进行分类整理，那么大脑中的信息就会变成：

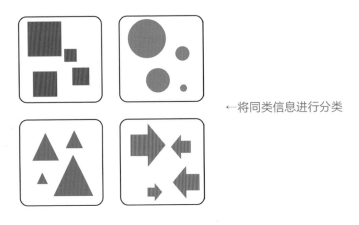

←将同类信息进行分类

接着，我们再将每组信息按大小排序进行整理，就会变成：

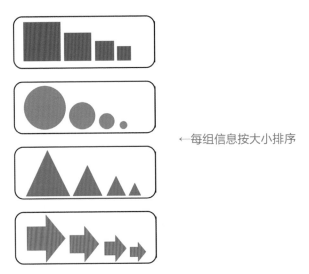

←每组信息按大小排序

　　我们不一定能把信息整理得井井有条，但是只要有了整理设计目标，一切就变得简单了。相反，不会整理信息和思维大多是因为整理设计目标不明确。

　　那么，要明确整理设计目标需要把握好以下三点。

▲要明确"一页纸"的读者是谁。

这里的读者可以是领导、下属、其他部门人员、其他公司人员或者客户等。

▲要思考"读者"阅读完"一页纸"后的反应或行动。

　　例如，向客户提出新的设计方案时，我们就会希望得到对方的认可和同意；向领导提出优化的设计方案时，我们就会希望自己提出的设计方案能够通过。所以，"一页纸"的整理目的就是让对方做出符合自己心愿的反应或行动。又例如，为了让"读者"认可你的室内设计方案，我们就要在"一页纸"上传达出这个设计方案最大的卖点是什么。所以，在制订设计方案时，只要思考"这个设计最大的卖点是什么"就可以了。同时思维整理的方向也会更清晰。

▲整理信息和整理思维需要明确目标。

　　在入职应聘时，领导经常问的一句话就是"你做设计师到底是为了什么？"。

　　很多设计师对此比较迷茫，领导提醒我的一句话，我也是通过这个问题才会去想"为了达到目标我应该怎么办"，并采取下一步行动。

　　当整理思维遇到瓶颈时，我们可以思考一下"原本的目标究竟是什么"。将新的设计目标找到以后再开展设计工作，可以使设计工作变得很轻松。

1.3 积极行动起来

　　积极行动起来适合各行各业。当设计师在收集设计资料或整理信息时，大脑思维常常会胡思乱想一气，最后却不知从何入手，并且为之烦恼不已。

　　我们要减少烦恼的时间，总之先去"写"和"画"，也就是要积极行动。

　　也许很多人在想"我就是不知道写什么、画什么，所以才烦恼的"。

　　就算是这样，首先也要去写去画。

　　这里所说的"一页纸"框架不仅是写，更多的是去画，在写与画之间填空。

↑ "行动优先"

　　很多刚刚参加工作的设计师都会遇到很多困难，参加会议时也经常听不懂材料名词、施工工艺术语，甚至通过方言来表达的行为用词，很多设计师总是在纠结自己是不是"能懂"。

　　这时大家才形成了"不懂就问"这种"积极行动"的方式。

> ▲ 只叹息自己什么都不会，并且不去行动，事情是不会有任何进展的。

其实在很多情况下，设计进展不下去，大都是因为过于纠结"正确答案"。尤其是刚从学校出来的毕业生很容易陷入这种困境之中。但是现在我们所处的这个时代变化巨大，什么都有可能发生。比起拼命寻找正确答案，还不如"去做"，行动起来。做完之后成功了自然是好的，就算没成功，再试一试别的方法就行了。

思维整理也是同样的道理。就是因为自己想写出一个正确的资料，但正确的标准无从判断，所以写不出来，大脑也不运转。其实，大多数人都很抵触这种行动优先的方式。

本书后面章节要介绍的 Excel 框架，就是在制作资料之前或制作资料遇到障碍时能帮助设计师轻松行动起来的思维整理体系。从事室内设计工作时应当总结出的三个小贴士。分别是：

▲ 进行思维整理。
▲ 明确整理目的。
▲ 积极行动起来。

整理成一句话就是：

▲ 整理信息和思维的技巧在于明确对象和目的后，就是去写和画。

当设计师不知道如何整理，并且停滞不前时，一定要想一想这句话。

1.4 拓展大脑思维

拓展大脑思维需要用到一个快捷简单的软件，接下来将为大家介绍整理信息和思维的工具——Excel。简而言之就是设计出图表再进行深入拓展，当然也可以采用其他类似软件来表达。

Microsoft Office Excel 是微软公司为使用 Windows 和 Mac 操作系统而开发的一款电子表格软件。它直观的界面、出色的计算功能和图表工具，使 Excel 成为最流行的个人计算机数据处理软件。无论是室内设计"一页纸"，还是其他资料，其制作过程大体都可以分成以下两个阶段：

▲ 整理信息。

▲ 整理思考。

以上是思想整理阶段，如果要利用文字资料进行讨论或展示的话，还需要另一个阶段。

▲ 传达信息。

以上三个阶段需要用到 Excel，使用的文具有：

▲ 五色笔（红、黄、蓝、绿、紫）。

▲ 一页纸（或大小合适的笔记本）。

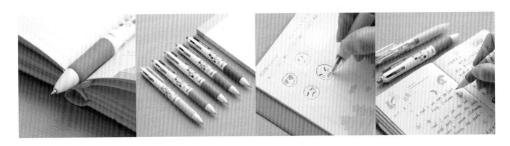

↑ 五色笔与一页纸

下面介绍 Excel 的基本使用方法。

1. 制作框架 ✎

拿出绿色笔画出表格的框架，基础框架通常用 A4 或 B5 的无横线笔记本，画出竖线。框架的基础就是 4 ~ 8 个空格。当然不一定必须是这么多格子，根据设计之前所获得的信息量来设计，可以是 16 个、32 个或 64 个。不过，当空格数量较少时，就不要将表格画得过大。因为从心理角度来说，大多数人更愿意去填写面积较小的格子。如果空格过大，需要记下的内容也就越多，对于不擅长总结的人来说，不太好填写。所以，为了练习总结能力，应当尽量缩小空格面积。

2. 标注日期与主题 ✐ ✐

框架画好后，在左上角第一个空格里填写日期（紫色笔），这样做是为了日后回顾资料时更加方便。日期填写好之后，接下来填写主题（红色笔），例如，写设计方案时，主题可以是"该方案设计的设计亮点或重点是什么？""设计传达了怎么样的信息"等。

3. 关键词填空 ✐ ✐

使用蓝色笔，根据主题填写答案，将想到的关键词全部填入空格内。使用蓝色笔书写这一动作就是"整理信息"的过程。原则是一个空格中只填一个关键词，花费时间为一次 1 ~ 3 分钟。从时间和空间两个角度设下限制，可以提高整理思维的注意力。填写过程中，可以填短句、短语，但是总的来说，越想要总结，花费的时间就越多。用蓝色笔书写这一过程相当于整理信息，所以重要的不是量，而是质。一定要给关键词排序，这也是判断关键词的重要步骤，要用蓝色笔书写。

4. 整理过的信息为基础整理思考 ✐

填写完关键词之后，下一步是整理思考。接下来要换成黄色笔书写，换颜色是为了提醒自己换步骤。一边看自己写出的关键词，一边思考"这一点中最重要的三件事情是什么""按照重要程度应如何排序""按照时间应如何排序"等。然后写下思考总结。为了提高注意力，这里也要尽量缩短时间（2 ~ 3 分钟）。

例如，对于"这一点中最重要的三件事情是什么"这一问题，我们只需将答案用黄色笔圈起来。对于"按照重要度应如何排序"这一问题，我们只需用黄色笔对关键词进行标号即可。所提的问题需要根据主题进行改变。

以上是 Excel 的基本使用方法。当设计师需要书写某些文字却不知从何下笔时，Excel 一定能派上用场。整理信息、思维的技巧就是积极行动，也就是书写非常重要。通过准备 Excel 这"一页纸"，就能让书写开始得更加顺畅。

我们的行动在画线这一动作时就已经开始了。制作框架，填写日期和主题……我们在动手的过程中，大脑也会自然地开始思考。

整理思维的基础

边框✏️　　　日期✏️　　主题✏️　　关键词✏️　　信息整理✏️

用笔画出绿色边框。根据总结的信息量，可以
是 4 ~ 8 个、24 个、32 个或 64 个空格。

注意当空格
数量较少时，
表格不要画
得过大，小
表格反而更
易填写。

(a)

目的不同，主题也不同。主题
确定了，目的也就明确了。

左上角第一
个空格里填
上日期（紫
色）与主题
（红色）。

▶日期 ▶主题			

(b)

使用蓝色
笔，将关
键词全部
填入空格
内。

用黄色笔
对关键词
进行标识
即可。

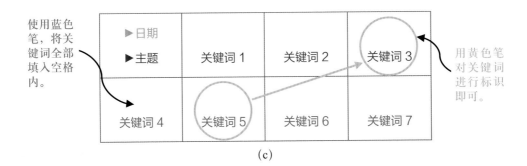

(c)

1.5 不断总结、学习和记录

接下来我们将介绍有效的逻辑思维。逻辑思维简单来说指的是经过整理的思考，通过简单易懂的传达，最终形成"一页纸"框架。因为所有文件的一个共通目的就是总结。不管整理有多好，若没能准确地将总结传达给对方，所做的就是无用功。

重要的是如何将有效的设计信息传达给对方，这种逻辑不是一味追求表面的精致。因为这样做只会阻碍对方了解设计意图。如果设计师想清晰并简洁地将自己的想法传达给别人时，一定要通过精致的逻辑思维来不断总结、学习和记录。下面介绍逻辑思维的使用方法。

1. 画框架，填写日期、主题 ✎ ✎ ✎

同样，我们需要用绿色的画笔画出表格框架。用紫色笔和黄色笔，分别在左上角空格处填写日期和主题。这里假设我们要写餐厅设计报告书，则主题就是"餐厅设计报告"。

2. 标注问题 1（Q1？）、问题 2（Q2？）、问题 3（Q3？）✎

在表格中填写"Q1？""Q2？""Q3？"，标注箭头并排序。这里"Q1？"是"Question1？"的简称，意思是"第一个问题？"。也许有时大家想不出好问题，这时就要从"What?""How?"" Why?"这三个切入点思考问题。因为，大多数人想了解某些事情时，经常会对这三点感兴趣。

例如：

Q1?："餐厅应该设计成什么风格？"就是"What?"

Q2?："该项目预算不是十分充足，怎么解决？"就是"How?"

Q3?："为什么要设计成这种风格？"就是"Why?"

但是相同的问题不一定必须符合"What?""How?"" Why?"。

3. 填写总结（1P？）

这里的"1P？"是"1Phrase？"的简称，意思是"用一句话总结"。

欲速则不达，通过逻辑思维训练，时刻以对方视角考虑问题，尽可能将事情整理到"三点"以内。大约花 5 ~ 10 分钟，这个表格就完成了。

运用 Excel 与逻辑思考表格可以应用于各种场景，但是万变不离其宗。其本质是"制作设计资料前的'思维整理'才是决定消息能否传达清楚的关键"。不管你有没有认真读完这本书，请先掌握它们的使用方法。

有逻辑的整理思考，简单易懂的传达设计信息

边框　　　日期　　　主题　　　问题（Q1？）　　　总结（1P？）

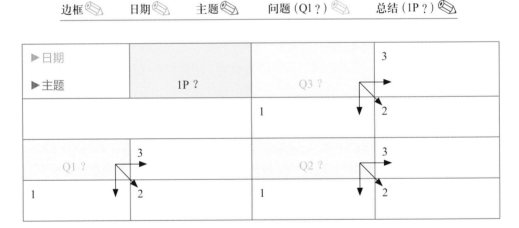

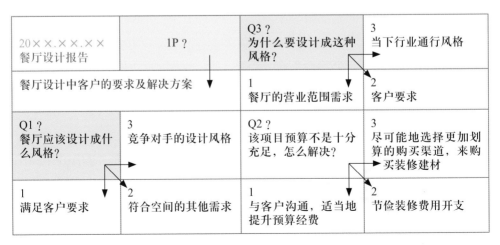

1.6　创意构思的源泉——灵感

灵感就是指我们在思维过程中，在特殊精神状态下突然产生的一种领悟式的飞跃。也是在创作活动中，人的大脑皮层高度兴奋的一种特殊的心理状态和思维形式，是在一定的抽象或形象思维的基础上突如其来地产生出新概念或新形象的顿悟式思维形式。

灵感的萌发是主观与客观相互作用的结果，灵感是对客观事物本质的洞察，艺术典型是对生活原型本质的洞察后塑造出来的，任何科学发展都是根据这一规律产生的。袁隆平曾说："灵感是知识、经验、追求、思索与智慧综合在一起而升华了的产物。"

1. 灵感的引发

一名演员，想要演好不同的角色，就需要在现实生活中体验不同角色的扮演，也可以从别人的经验、媒体上所得到的知识及凭借想象去了解不同的人、不同类型的生活方式。我们则需要从生活的体验、对自然的热爱中，吸收各方面的资源，到不同的地方考察或旅行，透过游历观赏不同地方的设计和艺术，启发对生活的感悟。

设计灵感的引发，需要摆脱习惯性思维的束缚。通常人们常以固有的习惯性思维模式，来对某些事物做出判断，思维方式的不同决定了对事物认识表现上的差异。在设计创意中，我们常常能够体会到这种由思想变化所产生的不同创意行为所引出的艺术形态。

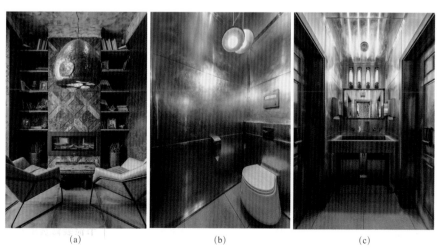

(a)　　　　　　　　(b)　　　　　　　　(c)

↑创意餐厅设计

（1）观察分析。

在进行科技创新的过程中，自始至终都离不开观察与分析。观察，不是一般的观看，而是有目的、有计划、有步骤、有选择地去观看和考察事物。通过深入观察，可以从平常的现象中发现不平常的东西，可以从表面上貌似无关的东西中发现相似点。在观察的同时必须进行分析，只有在观察的基础上进行分析，才能引发灵感，形成创造性的认识。

（2）启发联想。

新认识是在已有认识的基础上发展起来的。旧与新或已知与未知的连接是产生新认识的关键。因此，要创新，就需要联想，以便从联想中受到启发、引发灵感，并形成创造性认识。

（3）实践激发。

实践是创意的阵地，是灵感产生的源泉。实践激发包括现实实践的激发和过去实践体会的升华。在实践中思考问题、提出问题、解决问题是引发灵感的好方法。正如泰勒所说："具有丰富知识和经验的人，比只有一种知识和经验的人更容易产生新的联想和独到见解。"

（4）激情冲动。

激情能够调动全身心的巨大潜力去创造性地解决问题，在充满激情时，可以增强注意力、丰富想象力、提高记忆力、加深理解力，从而使人迸发出一种强烈的、不可遏止的创造冲动，并且表现为自动地按照客观事物的规律办事，是建立在准备阶段里经过反复探索的基础之上的。也就是说，激情冲动也可以引发灵感。

（5）判断推理。

推理是从现有判断中获得新判断的过程。因此，在科技创新活动中，对新发现或新产生事物的判断，也是引发灵感，形成创造性认识的过程。所以，判断推理也是引发灵感的一种方法。

上述几种方法，是相互联系、相互影响的。在引发灵感的过程中，不是只用一种方法，有时是以一种方法为主，其他方法交叉运用。

2. 感悟自然

最感人且最实用的东西来源于自然，设计本身应像从空间环境里生出来的一样。

大自然赋予人类广袤富有的生存空间，并且孕育了机能多样、完美的造型，自然是感性的同时也是理性的，自然物的存在和运动都有一定的结构、形式和秩序，其中蕴含并体现一定的自然规律。

设计源于自然且高于自然，并为人类服务。自然界中很多元素都是设计师进行设计的灵感来源。例如植物、动物皮毛、图文、海洋、山川等。大自然的巧妙，不单是用设计这两个字可以形容的 。

(a)   (b)

(c)

↑ "感悟自然" 创意设计

1.7 创意构思的语言——图像语言

图像语言是人类最重要的交流工具，与思维有着密切的联系。图像语言以传达意义为基本目的，视觉形式则以自身的空间和物质形态来传达设计理念，并成为传承历史和文明的物质载体。

在创作实践中，我们时常会运用到建筑语言与造型语言，这些指的就是形式语言与其对象物之间存在的某种对应关系，而这种关系使得形式语言成了对话与交流的信息工具。也正因为有了这样的工具，才使得建筑设计、室内设计的创作不仅只是为人们提供生活空间和物质实体，也凝结了人们的意志和情感，通过视觉符号被人感知，再通过形式语言相互融合，最终形成新的创作实体。

1. 文字信息转化为图像语言（方案概念阶段）

在方案概念形成阶段，我们将文字信息转化为图像语言。图形传递信息的速度要比语言文字来得快，运用图像语言可以提高工作效率。另外，图像语言的训练还能够提高设计师的形象思维能力。

2. 形成图像语言方案（方案初步阶段）

面对一个设计项目，设计师要有与众不同的思路与想法，将构思演变为一个引人入胜的构想方案，室内设计作品才能得以完成。

如果用动物来形象地比喻艺术门类，那室内设计属于水里的鱼类，产卵很多，能存活下来的却只有少数。首先，不是所有的卵都能孵化出小鱼来，就像不是所有的想法都能够变为设计方案一样；其次，那些幸运的、被孵化出的小鱼要长大也不是一件容易的事，设计师的作品有可能永远被停留在图纸上。

3. 视觉语言的形成（方案成形阶段）

在方案成形阶段，设计师需要将前期找到解决问题的思路与想法，并将其转化为视觉形式语言，设计师对项目的整体认识也应由感性阶段向理性的纵深阶段发展。

不同设计语言的表达方式，在于体验空间的相互关系。只有不断地观察和思考，通过视角对空间层次进行移动，才能更直观地看到空间与人之间的互动关系，才能更清晰地认识到设计语言与人心灵的交流。

第2章
利用"一页纸"轻松完成设计

识读难度： ★★★☆☆

核心概念： 视角、目的、行动、Excel

章节导读： 本章介绍室内设计的基本方法，运用"一页纸"来完成室内设计工作，通过一些高效设计技巧来提升工作效率。

2.1 收集整理设计素材

在上一章中，我们介绍了用一句话总结整理信息、整理思考的技巧就是：明确对象和目的，积极行动，先去执行。接下来将进入 Excel 的实践操作。尤其是在收集资料时首先要明确对象和目标。可能一开始我们总会犯错，但只要牢记对象是谁？目标是什么？就可以了。只要确定了对象和目标，思考就会变得简单，也就能看出资料中应存在何种信息。

接下来将介绍利用严谨的逻辑思维来明确对象和目标的方法。首先要明确设计资料的目的。

1. 制作框架 ✐

2. 在左上角主题处填写"资料的目的是什么？" ✐

3. 填写"Q1？"~"Q3？"的问题和答案 ✐

如果阅读的对象是复数，且选择不出一个关键人物，那就要另外制作一页表格框架，两页也就花 10 分钟左右。"一页纸"框架就是一个简单操作的综合体。

"Q1？"如果阅读对象是一个人的话，那么就在左下角空格内用蓝色笔填写。如果阅读对象为复数，那么要选出三个人填在不同的空格里。

"Q2？"要填写"阅读对象想做什么"，也可填写"阅读对象想知道什么"等。

"Q3？"要填写"阅读对象有什么要求"，也就是希望"阅读对象"读完资料之后有何反应或行动。

"Q2？"和"Q3？"的问题写完之后，分别填写各问题的答案。

4. "1P？"为总结句 ✐

基本操作方法是先填写"1P？"，但是在这里要先填写"Q1？"~"Q3？"的问题和答案，再回顾整理，填写总结句。如果一下子写不出太多内容，那么可以参考以下表格内容。

明确资料的目的

✏️ 边框　　✏️ 日期　　✏️ 主题　　✏️ 问题（Q1？）　　✏️ 总结（1P？）

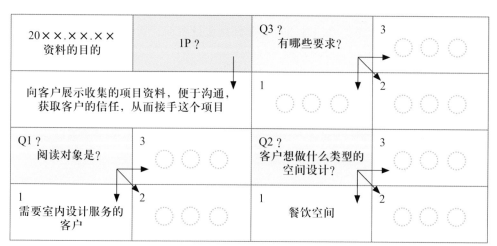

向客户展示收集的项目资料，便于沟通，获取客户的信任，从而接手这个项目。

2.2 根据清单制作创意设计资料

下面，以 Excel 为工具，设计并制作创意设计资料。首先我们要问以下几个问题：

▲设计资料的阅读对象究竟想要什么样的设计？
▲设计资料的阅读对象可能会从哪里"吐槽"呢？
▲设计资料的阅读对象会有什么疑问呢？

每次制作资料时设计师都要先考虑这些问题，要经常站在对方的角度去思考。但是，我们怎么才能站在阅读对象的角度上考虑问题呢？这里就要制作一份清单。在制作资料之前首先要找出"对方想知道的事情"与"对方可能会问的问题"。

方法很简单，使用 Excel，将主题命名为"对方可能会问的问题"，然后填写。为了填写更多的内容，这次将画 32 个空格。

填写空格时我们会不自觉地站在对方的角度来思考问题。也就是说，将"站在对方的立场"这一抽象动词，转换成"制作吐槽清单"这一具体动作，然后进行实践。

当自己的事情忙不过来，总是考虑"对方心里在想什么"确实不简单，这是因为不清楚自己究竟掌握了多少对方追求的事情。但是通过"写"这一过程，思路就会变得清晰。比如自己觉得很清楚，但实际写时发现只能写出两件事情来，这类情况会经常发生。我们要尽可能地提升自己"站在对方的立场"思考的频率。所以"写"这一动作本身就是有价值的。

清单填完了之后，接下来填写答案。实际上，填写完清单之后，选出其中最重要的三点，并以此为中心制作资料。接下来，在"Q"中填写三个问题，就可以与刚才介绍的实践例子相结合。最后就是将思考转换成可以展示的资料就可以了。

用了这种"思考整理→制作资料"的方法进行展示之后，设计师就会感到很顺利，这是因为对方想问的、想知道的事情都已经得到了解答。

站在对方角度考虑问题的清单

✎ 边框　　✎ 日期　　✎ 主题　　✎ 问题（Q1？）　　✎ 总结（1P？）

20××.××.×× 对方可能会问什么问题？	对象是？	多长时间能够完工？	何时能够竣工？
用一句总结的话？	设计图纸是否能够反复修改？	该项目的预算是？	项目完成之后，存在问题，后期是否能够上门维护？
哪个设计风格会比较合适？	公司的优势？	期间会存在其他费用问题吗？	是否有优惠
负责该设计项目的设计师资历如何？	半包好还是全包好？	签订合同后，大概什么时候才能开始动工？	

资深挖掘　　　　　**展示资料**

20××.××.×× 公司优势？	施工团队经验丰富	材质环保
公司规模大	资深设计师	预算便宜

20××.××.×× 展示资料的构成	1P？	Q3？ 优惠？	3
		1	2
Q1？ 公司优势？	3	Q2？ 设计问题及预算？	3
1	2	1	2

2.3 深入了解客户需求的技巧

"想不出问题。"

"不知道对方会问什么问题……"

可能很多设计师在制作资料时都会有这样的烦恼。例如,刚才介绍的"吐槽清单"中一个空格都填不出来,或者说在制作表格时想不出对方会问什么问题。其实,这是一种没有从以自我为中心的交流中完全解脱出来的表现。

1. 制作资料的出发点——对对方感兴趣

那么怎样才能做到真正站在对方的角度思考问题呢?一句话来回答的话,就是对对方感兴趣。了解对方,就会渐渐知道对方的兴趣,会问什么问题等。利用 Excel 可以让自己对对方感兴趣,但是只会用嘴说,不实际行动是不行的。

↑ 对对方感兴趣

2. 让自己对对方感兴趣

(1)制作框架。

画出一个 28 格的 Excel。

（2）填写日期、主题。✐ ✐

与 Excel 的基本使用方法一样，在左上角填写日期和主题。另外，这里假设你要感兴趣的是你的客户，那么主题就是"×× 是一个怎样的人"。

（3）在第一和第三列空格中填写疑问，"Q？"（问题是？）。✐

在 Excel 的第一和第三列中填写"Q？"。如性别、年龄、职业、收入、爱好、家庭情况等，想到什么就列举什么，与项目无关的内容也可以。

注意一定要写成疑问句，只有这样，才能让你对客户更感兴趣。想出问题后，接下来要把问题改成与项目相关的，如"喜欢的风格？""是否注重细节？"等。

（4）在第二列和第四列空格中填写疑问，"A？"（回答是）。✐

问题写完之后，接下来在第二列和第四列中填写"A？"。

不用完全填完，只填写知道的问题即可。

在交谈时观察客户的言行，适当地问一些相关的问题，再逐个填写空格。

我们不用一口气填完这一页纸，能填多少就先填多少。当出现疑问或者疑问被解决时，再慢慢去填写空格就可以了。

只要保持这个习惯，就会变得对人感兴趣。也许有的人会想：为什么我要做这么麻烦的事？但是，时刻保持行动也是很重要的，不能总是让行动停留在口头。如果总是不去行动，那么动词就永远都不会转换成动作。尤其是许多人只会嘴巴上说说，却从不行动。如果你一直保持看的姿态的话，那么永远体会不到行动的价值。所有当遇到需要思考"怎么对对方感兴趣"时，实践的机会就来了。

↑ 时刻保持行动

对对方感兴趣的技巧

✏️ 边框　　✏️ 日期　　✏️ 主题　　✏️ 问题（Q？）　　✏️ 回答（A？）

20××.××.×× 客户是一个怎样的人？	A？	Q？	A？
性别？	女	什么样的装扮？	时尚
年龄？	36 岁	喜欢的风格？	现代美式
职业？	销售	是否注重细节？	○○○
收入？	中等收入	○○○	○○○
爱好？	运动	○○○	○○○
家庭情况？	四口之家，有一个 3 岁男孩、6 岁女孩	○○○	○○○

2.4　提高素材资料的可读性

现代室内设计师，经常打扮得非常时髦，留长胡须，穿着醒目时尚，以浅色服装为主，甚至钟爱富有活力的色彩。因为，设计师是给客户解答疑惑的，要让客户感到十分有希望，浅色与时尚往往是紧密结合在一起的。因此，设计师注重外表除了为了打扮自己，还要给客户活力。这种为客户考虑的外表同样适用于室内设计"一页纸"。

室内设计"一页纸"最大的特征就是整理成一页 A4 或 B5 纸。"一页纸"的外表起到了减轻读者阅读负担的作用。

当设计师面前有一叠厚厚的资料和只有一页资料时，更想阅读哪份呢？当然是只有一页的那一份。厚厚的资料有的时候会被搁置，这是因为人不是机器，总会有自己的喜好和厌恶。为客户着想的室内设计"一页纸"大体可以分为以下三个特征：

1. 一眼便可看到整体（一览性）
信息整理在一页纸上，一眼便可看见全部信息以及各信息之间的关联性。

2. 有框架（表格）
纸上的信息用表格分类整理，各主题的内容清晰易懂。

3. 每个框架都有题目（主题）
每个框架都有主题。结合表格，对方一眼就能知道所有信息的构成。

刚才讲过的 Excel 实例中，只要在思维整理时利用这三点，一定能制作出一份"简单易懂"的资料。刚才介绍过 Excel 的实践例子，将思考制作成资料时，只要意识到这三个要素，就能做出一份清晰易懂的资料。换句话说，以这三个要素为材料，转换成简单的思维整理法正是 Excel。

这三个要素能让设计师手上的资料从读懂变成看懂，只要遵守这三点，设计资料的颜值就会大大提升。

在制作资料时不仅铭记这三个要素，还会加上自己独特的提升资料的可读性。简单来说，就是要给资料加上缓急。如果一份资料都是用同一种字体、同一个字号制作而成的话，读者很容易产生厌倦情绪。为了避免这种情况的发生，我们需要给资料的外表增加缓慢的感觉。

具体来说，就是这三个方法：

▲改变文字颜色。
▲加粗、下画线。
▲插入照片、图表。

浏览资料，如果觉得文字太多，那就要将关键词和数字换成其他颜色。另外，将重点部分加粗，重点中的重点加粗并且加下画线。注意加粗时最好变换一种字体，让重点部分更加突出。不过这些操作需要在电脑上完成，并且有些费时间。正因为花费时间，我们在改的时候才会发现哪里需要怎么操作才能使资料变得更漂亮。

还可以补充一些视觉信息，这样能使资料变得简单易懂，有时效果会更好。资料制作完毕之后，整体检查一遍黑色和重点部分是否过于集中，如果黑色过多，是否有内容容易被忽略掉等。为了避免这种情况的发生，我们可以添加一些红色来协调。如果花费太多时间修改格式，那就本末倒置了。能改多少是多少，一步一步进行。

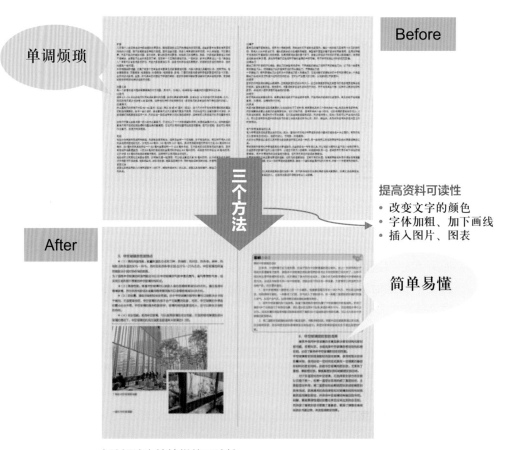

↑让阅读心情愉悦的可读性

2.5　不断展开重新整理来提高设计效率

作为一名室内设计师，为了向客户讲解方案的设计理念，要将自己的设计构思向客户复述一遍。

这时设计师一般不会原封不动地使用资料，而是使用自己整理的 "一页纸" 向客户讲解。因为展示时用的资料是为了让参会人讨论的，有些大家都知道的东西经常被省略掉。但是，有的设计师就直接照搬资料，最终导致项目或洽谈失败。

假设现在要开一个大型餐厅设计项目的讨论会。这时在已知的资料中，由于 "餐厅的营业范围是什么？" 等基本信息是已经说明好的，非常容易被忽略。资料中只会写具体方案，一些基础信息经常被省略。也就是说，从设计师的角度来看的话，资料经常不完整。拿着这份不完整的资料给客户看，客户能否做出正确的判断？如果能用口头加以补充说明的话那自然最好，但有时候你是没办法确保有足够的时间去解释说明。

有时候没能将情况清楚地传达给客户，反而还要重新修改方案，这样不仅耽误自己的时间，还耽误对方宝贵的时间。所以，遇到这种情况时我都要重新整理资料，将被省略掉的信息补充上，做到让客户看一遍 "一页纸" 就能明白目前的情况。方法与之前讲过的一样，要具备以下这三个要素：

▲ 一览性。
▲ 框架。
▲ 主题。

虽然看起来这项操作很麻烦，但通过重新整理资料，也可以掌握自己对内容的理解程度。有的时候自己觉得都明白了，但是在实际重新整理时，发现有的地方还是不太清楚，这时就需要跟对方重新确认一次。

制作一页简单易懂的资料，向客户讲解也更顺畅，也能更快地得知客户的要求。虽然制作资料需要花费一些时间，但讲解以及沟通的时间会缩短，从整体来看，时间也会大大缩短了。

对于还是不懂的人，可以算一算究竟占用了多少时间。相信大家就可以明白究竟哪种方法效率更高了。当自己读不懂资料时，不要坐视不管或者推卸给别人，试着自己重新整理一次资料，不仅能提高设计效率，还能节省双方的时间。

2.6 PPT 与"一页纸"

可能有的设计师习惯使用 Microsoft Office PowerPoint（简称 PPT），会问到"我们平时会用到 PPT 怎么办？""50 页的 PPT 能总结成一页纸吗？"等问题。因为，PPT 不仅是展示时的补充材料，有时还会把 PPT 分发给与会人员。

那么 PPT 与"一页纸"究竟有何不同呢？

PPT 的优点就是能起到视觉辅助的作用。例如，在解释设计创意时，在文字说明的旁边附上图，更易于读者的理解。再如，在 PPT 上写"室内设计创意有哪些？"这几个字，就算你稍有跑题，对方也知道你正在讲室内设计创意。当 PPT 分发给与会人员时，就算不加插画和图版，只用模板就能给人一种"简单易懂"的印象。

但是，PPT 的缺点就是很难读懂整体结构，即没有整体一览性，各个信息元素之间不能平面铺开。因为 PPT 要求尽量减少每页字数，所以总的页数就比较多。页数越多，信息就越分散，各信息之间的关联就越弱。这种整体结构难把握其实是一个很大的缺点。

这里就以一套住宅设计客户要求为例，设计师在与客户沟通过程中确定了设计风格为地中海风格，但是家庭成员对地中海风格的认识都不同，现在我们要对地中海风格进行解说。

如果制作成一张"地中海风格喜好关系图"的话，那么各家庭成员之间的关系便一目了然。如果是"妈妈喜欢法国南部地中海风格""小萱喜欢希腊爱琴海风格""奶奶喜欢北非风格"，每个人的房间要花费一页 PPT 来说明的话，那么整个家庭成员就需要自己在大脑中构建各信息之间的关系。但是，如果利用风格关系图的话，大家可能会想整体地中海风格的形式是万变不离其宗的。

海岸、沙滩、圆拱建筑这些都是地中海设计风格的重要元素，虽然每个家庭成员青睐地中海周边不同地域的风格，总体是围绕地中海风格的范围里，没有发生大的分歧，设计就可以继续下去。

"地中海风格喜好关系图"的特征就是可以提前掌握每个家庭成员喜好的信息量。不知道信息总量，就像跑马拉松不知道距离终点还有多远一样，这对客户来说是一种压力。"是否能看清整体构造"是制作简单易懂的资料时的一个关键。这时，就可以想一想"一页纸"资料的好处了，那就是一览性很强。

"PPT"
风格关系

整体结构
繁杂

妈妈：法国南部地中海风格

小萱：希腊爱琴海风格

奶奶：北非风格

转化

地中海风格喜好关系图——PPT

整体结构
清晰明了

"一页纸"
风格关系

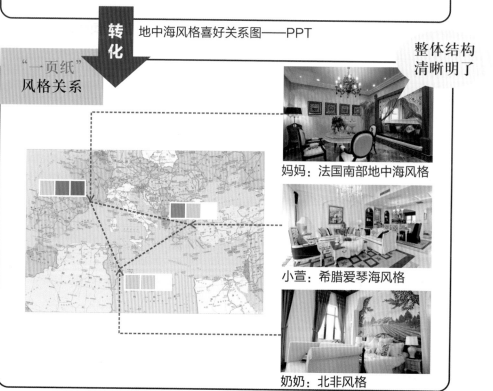

妈妈：法国南部地中海风格

小萱：希腊爱琴海风格

奶奶：北非风格

地中海风格喜好关系图——一页纸

↑ PPT 和"一页纸"的区别

29

在这个以 PPT 为主流的社会中，并不是让设计师用"一页纸"资料去孤军奋战。资料是否为"一页纸"，终究不过是个"方法"和"结果"。重要的是达成资料制作"过程"中所进行的思考整理这一目的。

如果设计师习惯用厚资料，习惯用 PPT 的话也没关系，但是要能看清它的本质，所以这里介绍的是"一页纸"思维整理技巧，而不是"一页纸"资料制作技巧。因此，还是要求设计师能透过现象看到本质。

俗话说"百闻不如一见"，自己制作了 PPT 和"一页纸"的范本，完全不依赖资料的形态，并且对比一下制作的资料和简单易懂与逻辑通畅之间的关系，就能够明白设计资料究竟有何区别。

可以看出，无论是"一页纸"还是 PPT，都可以做得简单易懂。"一页纸"的其中一个本质就是"一览性"，只要掌握了这一点，就可以提高整理结构的清晰程度，具体可以如下操作：

▲ 在第一页 PPT 上添加整体"目录"。

▲ 在中间添加各章节的"小目录"。

▲ 添加页数（如 1/10 页，分页数和总页数都要添加）。

▲ 每页都要添加小标题。

以上仅仅是一个例子。希望设计师在制作资料时能够发散思维，制作出满意的资料。

站在客户角度考虑问题的清单

✎ 边框　　✎ 日期　　✎ 主题　　✎ 问题（Q1？）　　✎ 总结（1P？）

20××.××.×× 室内设计方案报告书	1P？	Q3？ 该方案的客户分析？	3 组织机构
室内设计方案报告		1 委托方	2 使用者
Q1？ 为什么提出该方案？	3 分析设计	Q2？ 市场调查？	3 ○○○
1 具有现实意义	2 具有学术价值	1 市场需求情况	2 相比同类场所具备的优劣点

室内设计方案报告书

20××.××.××　××公司

1. 方案提出的原因

重点	详情
①方案的现实意义	×××
②方案的学术价值	×××
③方案的设计分析	×××

2. 市场调查

重点	详情
①介绍市场需求情况	×××
②比较同类场所的优劣点	×××

3. 客户分析

重点	详情
①委托方	×××
②使用者	×××
③组织机构	×××

4. 方案目标及案旨

重点	详情
×××	×××

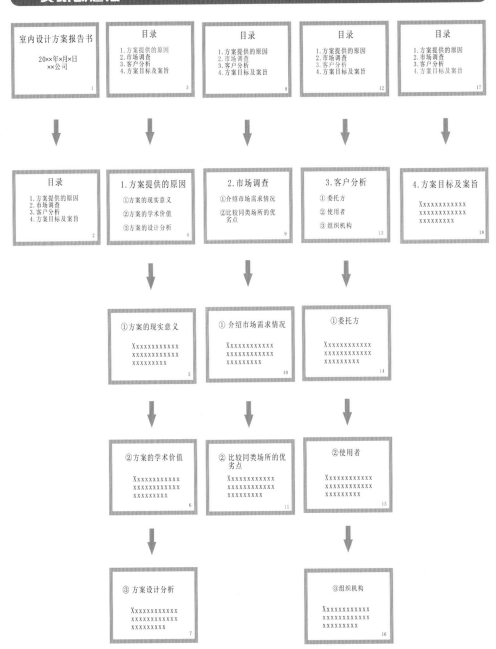

↑用 PPT 制作的室内设计资料

2.7 开会之前的妥善准备

本节将介绍如何利用 Excel 准备会议的各个过程。Excel 不仅能将会议内容文字化，还能提高前期准备以及会议的效率。这里之所以不谈 PPT 制作一页资料的技巧，而是讲"一页纸"思维整理技巧，原因就在于我们要拓宽它的应用和涉及范围。

接下来将介绍具体的应用方法。现在假设公司明天将要开一个关于"如何提高工作效率"的会议。那么会议上应该会提出一些相关的问题，如：大家觉得应该怎样合理地安排工作时间，才能提升工作效率？为了能回答上来，我们需要用 Excel 提前做好相应的准备。下面就使用 Excel 制作会议的前期准备。

1. 制作框架，填写主题 ✎ ✎ ✎
画出 Excel 框架，可以画出 8 格、16 格或 32 格，主题是"如何提高工作效率"，等，根据会议主题来定。

2. 填写方案 ✎
重点和前面讲过的相同，注意要尽量机械、大量地填写更多的内容。

3. 给"实施起来效果最好的几个方案"画六芒星记号 ✎
空格大致都填好了之后，选出"实施效果最好的方案"画六芒星标记☆。这里的效果是由你的主观来进行判断的，但是要注意至多能画出三个方案。

4. 给"最易实施的几个方案"画三角形记号 ✎
选出几个"最容易实施的方案"并画三角形△。这里也可以由设计师主观进行判断。改变符号是为了进行区分，即使重复，也能一眼就看出来。

制作会议的前期准备

✏ 边框　　✏ 日期　　✏ 主题　　✏ 方案　　✏ 记号

20××.××.×× 如何提高工作效率？	按时完成工作的可以 拿到小礼物 ✡	中午设置午休时间 ✡　△	增加放假休息 时间
先对现在工作情况进行 调查	限定每月加班次数 △	准备一些提神的食物 及饮料 ✡	
将下班时间提前一点	鼓励没有加班就完成 工作的	中午统一发放午餐 △	
到下班时间就切断电源	站着工作	在办公室摆放一些减 压、提神的娱乐设施 △	

　　以上就是开会之前要做的前期准备。其实只需 2 分钟就可以完成了。解决工作上的问题最重要的两点为是否有效和能否实行。无论多好的想法，有效却难执行是无意义的。所以我们要将自己的想法变得既有效，又简单易懂。

　　或许总结成"一页纸"看起来比仅仅思考要难，但是比起单纯地去思考，动手、动眼和动脑更能给设计师带来成就感。

2.8　把控好会议记录

当讲解会议结束以后，如何制作会议记录？为了制作一个内容丰富的会议记录，最重要的是开会时认真听并且理解其内容。但是如何才能真正做到"认真听"并且"真正理解"呢？

我们要将这两个动词写成 Excel，接下来用 Excel 整理会议内容并具体说明。

1. 制作框架 ✎

开会之前提前准备好 Excel 的框架。空格数要根据开会时间调整，这里我们以16 格为例。

2. 记录会议中的发言 ✎

会议开始之后，用蓝色笔记下主题、领导和各个与会设计师的发言。发言不必一字一句地记录，简单易懂即可。闲聊或者与会议无关的内容可以不记录，如果一定要记的话，记得提前增加空格数。

3. 将发言中的重点信息画六芒星记号 ✎

会议结束之后，用红色笔将重要信息画六芒星记号，三个以内最为理想。

4. 总结 ✎

最后思考如何用一句话总结今天的会议。如果实在想不出来的话，就用三个重点来总结就可以了。

整理会议内容

✏️ 边框　　✏️ 日期　　✏️ 主题　　✏️ 发言内容　　✏️ 总结、记号

20××.××.×× 今天开会的内容是?	提高工作效率	客户	设计师分工调整
设计项目分工 ✡	拟定每个方案项目的设计期限	设计规范 ✡	制定下次会议时间
设计方案沟通	项目团队具体分工	表扬、鼓励优秀设计师	其他
设计方案的进度	优秀设计方案讲解、学习	定期回顾 ✡	

其实 Excel 在这里发挥最大作用的是"一页纸"整理技巧的一大特征—— 一览性。

平时开会的时候,大家有没有用小小的笔记本记录呢?假如 1 个小时的会议的话,笔记可能要记几页,如果中途需要确认之前出现过的发言时,就必须翻页回去找,但其实开会时人的时间观念会变得非常弱,找发言记录经常要找很长时间。使用有一览性的 Excel 能使会议流程可视化,就能解决这些问题,会议结束之后整理起来也很方便。

接下来制作会议记录。会议记录的目的是要让没有参加会议的人也能看懂。当然，不必把它想得太复杂。只要记录开会的目的、内容、成果等就可以了。下面将以一个主题为"减少加班"的会议为例，为大家讲解一下会议记录的制作顺序。

1. 制作框架 ✎ ✎ ✎

用绿色笔画出表格框架，填写会议的主题与日期，主题为"提高工作效率"。

2. 填写"Q1？"～"Q3？"三个问题 ✎

Q1？：为什么要开会?（开会的目的? → Why？）
Q2？：都说了些什么?（开会的内容? → What？）
Q3？：今后的计划?（今后应该怎么做? → How？）

3. 填写"Q1？"～"Q3？"的答案 ✎

用蓝色笔填写"Q1？"～"Q3？"中答案。

假设"Q1？"中填写"员工加班时间长""是其他部门的几倍""全公司都要求少加班"。

"Q2？"中填写刚才"Excel"中总结的"最重要的三个意见"（语言不必原封不动）。

"Q3？"填写今后的具体计划，确认开会成果。

4. "1P？"中填写总结句 ✎

最后填写总结性的一句话，可以填写 Excel 中总结的，也可以结合 Excel 填写其他总结句。

所有资料的最终目的都是传达,所以"1P？"写在前,写在后,甚至不写都可以。顺便一提,之前笔者介绍过"更新官网"的例子,资料的题目中把"1P？"加了进去。重要的是这一页纸是否真的有用。要求设计师以传达为判断基准对资料进行调整。

制作会议记录

边框　　日期　　主题　　问题（Q1？）　　总结（1P？）

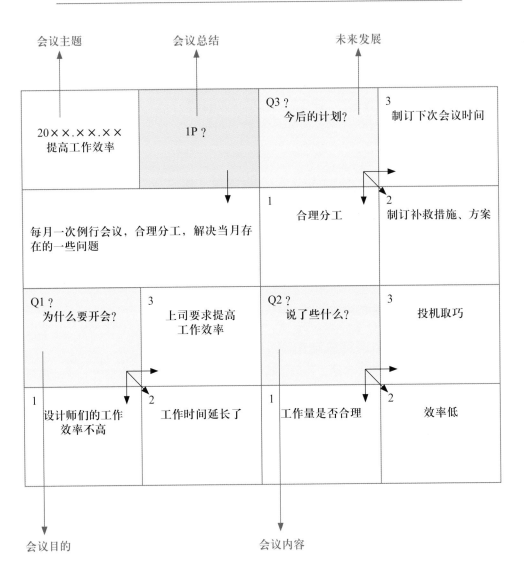

会议主题　　　　　会议总结　　　　　　未来发展

		Q3？ 今后的计划？	3 制订下次会议时间
20××.××.×× 提高工作效率	1P？		
每月一次例行会议，合理分工，解决当月存在的一些问题		1 合理分工	2 制订补救措施、方案
Q1？ 为什么要开会？	3 上司要求提高 工作效率	Q2？ 说了些什么？	3 投机取巧
1 设计师们的工作 效率不高	2 工作时间延长了	1 工作量是否合理	2 效率低

会议目的　　　　　　　会议内容

2.9 "一页纸" 创意设计方案技巧

室内设计方案的表现形式因人而异,有的善于先文稿再草图,有的先草图再文稿,也有的边草图边文稿。

我们通常认为草图阶段是其中最重要的一环。而其中各种表达方式都会被采用并且都会充分发挥各自的作用。一方面被用来表达设计师的构思,以便进行交流。另一方面也用来促进创作者的思维,使之始终处于活跃和开放的状态,充分发挥思维的创造性,不断推进设计意象的物化。

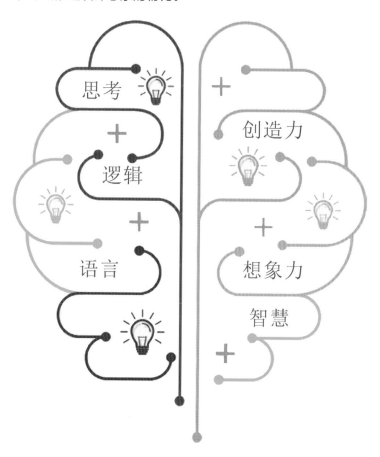

↑ 创作者的思维状态

下面以古代词汇"状元"为主题，进行度假酒店方案设计，用 Excel 制作创意设计方案。

1. 制作创意设计方案

（1）制作框架。✐ ✐ ✐

用绿色笔画出 Excel 框架，填写会议的主题与日期，主题为"以古代'状元'为主题"的度假酒店方案设计"。

（2）填写"Q1？"~"Q3？"。✐

（3）"1P？"中填写总结句。✐

制作创意设计方案

✐ 边框　　✐ 日期　　✐ 主题　　✐ 问题（Q1？）　　✐ 总结（1P？）

20××.××.×× 以古代"状元"为主题的度假酒店方案设计	1P？	Q3？ 有哪些要求？	3 必须融入现代元素，古朴又时尚
设计在兼具主题元素的同时，主要走休闲娱乐的路线		1 酒店室内以古代"状元"为主题来设计	2 要设计休闲娱乐的设施
Q1？ 该项目面对的人群？	3　　本地客	Q2？ 为什么要以"状元"为主题？	3　　题材新颖
1　　旅游客	2　　商务客	1 酒店周围的环境因素（酒店地处古镇中心）	2　　客户要求

↑ "状元"酒店客房

　　这是以古代词汇"状元"为主题设计的别院式酒店。别院的整个住房空间采用浓浓的中式风格，线条硬朗、简练；又是以"状元"为题材，在房间一角设有古代文人书写用的书案，兼具装饰及体验功能，实为画龙点睛之笔，极具创意。

　　酒店的经营方式主要是以休闲度假为主，所以房间的陈设较为齐全，有舒适、软绵的双人床，卧室空间；有办公、娱乐的书案，书房空间；有放松、小憩的沙发，客厅空间。麻雀虽小却也五脏俱全，给游客带来如住家般的舒适体验。

↑ 走廊设计

↑ 阳台一角

↑酒店餐厅全局

→酒店餐厅一角

↑水乐世界

↑娱乐、体验兼商务、办公区

2. 语言表述

"室内设计师需要很多项重要的素质和技能才能成功，其中一项就是其作品要有说服力。大多数客户实际上并不清楚室内设计师所提供的设计最终看起来是什么样，能说服他们付钱的是设计师的热情和有能力说服他们并为他们提供正确的设计和方向，能够满足他们的最终目标。"——捷安·莫肯（Jain Malkin），CID 执业室内设计师协会。

"表述技巧把你的想法传达给客户是至关重要的。"——格里塔·盖里克（Greta Guelich），美国室内设计师协会（ASID）。

↑ 向客户展示其他设计方案资料，展现设计师的实力；传达设计想法，与客户签订项目合同；设计方案实施之前，为客户选材

我们知道，创意即 "无中生有"，因此语言表述就有 "自圆其说" 之意了。设计师针对设计的探索路径和灵感爆发所创作的成果，还有一个重要的展示过程，就是语言表述。准确讲解是设计师与客户之间沟通的另一条重要途径，将自己创作的感受与客户的感受结合起来，就是设计表述的重点。

因为只有将二者有机结合，设计者才能表达自己的真情实感，才能体会客户的所需所求，通俗来讲，就是多方位思考，这是其一。其二是要准备充分，做到有条理有秩序。语言表述步骤一般是从功能、空间界面、设计主题、元素、表现形式直至用材、工艺等，特别注意表述要有主有次，不累赘。其三要善于应变，将一些模棱两可的内容随时通过语言加以修正。归根结底，以上还只是语言表述的表象，包括语速、语调等，其中最重要的是用心。

3. 文本表意

文字的整合能力和文脉的条理性，看似简单，但是我们想真正地做好是有诀窍的。在设计方案的创意时段，我们使用文字，主要是用来设计提纲，如创意点、主题性、设计发展方向、元素等。在很多大的设计项目中往往需要设计团队统一调配，而总设计师需要用文本来表明设计方向和分工任务，使大家不太偏离其基本方向。

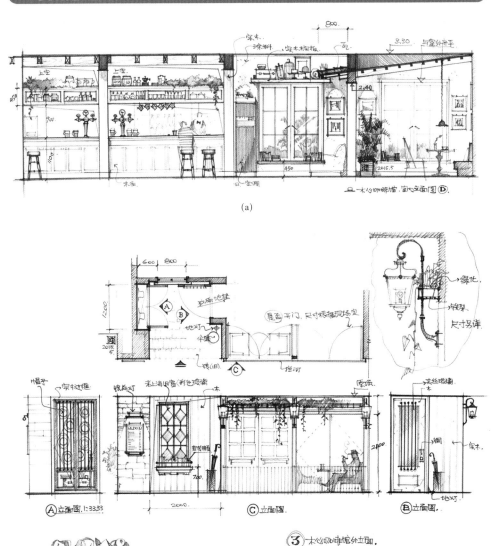

(a)

(b)

↑ "木心咖啡馆"方案设计说明（一）

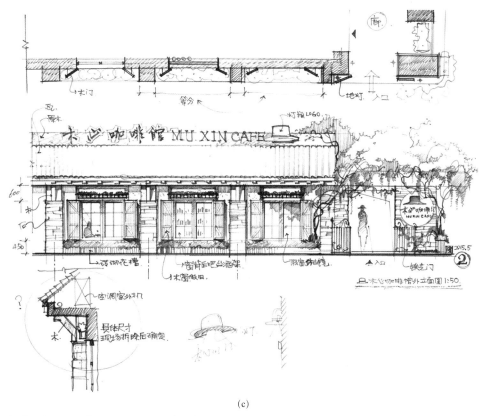

(c)

↑"木心咖啡馆"方案设计说明（二）

4. 草图表达

我们在完成一个设计方案时，往往需要用草图表达自己的创意和概念，激发创作灵感，从而实现快速构图。草图表达是一种仅次于语言文字表达的最常用的表达方式。也是我们在设计方案过程中必不可少的一个环节，至关重要。

草图最大的特点就是能比较直接、方便和快速地表达我们的思维并且促进思维的进程。画草图使用的工具也非常的简单，只要有笔、有纸即可。草图表达将思维图示化，我们可以想到哪儿画到哪儿。虽然草图看起来很粗糙、随意且不规范，但它随时随地能将我们的灵感火花记录、反映出来。正因为它的"草"，多数建筑师才乐意用它来思维，借助它来思考。

(a)

(b)

(c)

↑室内空间设计草图

46

格雷夫斯在他的文章《绘画的必要性——有形的思索》中曾强调说:"在通过绘画来探索一种想法的过程中,我觉得对我们的头脑来说,非常有意义的应该是思索性的东西。"

我们脑海中的构思或清晰或模糊,但这些草图都是构思阶段思维过程的真实反映,也是促进思维进程、加快室内设计意象图示法最有成效的手段之一。

(a)　　　　　　　　　　　　　　　　　　(b)

↑室内展示空间·方案设计手绘效果图

↑室内居住空间·方案设计手绘效果图

5. 电脑表现

结合前期的设计准备，将设计草图中粗糙的设计方案，在计算机中得以融合、转换为三维空间。将室内空间做多种处理与表现，可以从不同观察点、不同角度对其进行任意浏览。

相对而言，计算机表现是前三种表达方式的延续，但具有一定的创造性，仍属于二次创作。还可以模拟真实的环境和动态画面，使得建筑空间的形体关系、空间感觉等表现得一目了然，使设计创意得以在计算机精确模拟状态下继续或前行、或修正。

玄关　浴室　卧室　厨房　客厅

(a)

(b)

(c)

(d)

(e)

(f)

(g)

(h)   (i)

↑计算机制作"46 平方米圣彼得堡市中心的公寓"效果图（建筑师：Aleandra Bertova，
Daria Savitskaia）

　　通过前面几步的构思与草图的绘制，最终呈现在客户面前的方案图需要用电脑绘制，能更好地让客户看到我们方案的实施效果。

　　如上图所示，首先绘制出该公寓空间的平面布置图，再根据空间功能的划分，使用专业软件构建出整体公寓的三维立体空间，最后进一步设计空间内部的家居摆设，进行细节的设计。这样最终完成方案的设计部分，再配和文字的叙述、说明，整个设计方案才全部完成。

　　总之，语言表述、文本表意、草图表达、电脑表现都是设计方案的一系列构思及表现的过程。

　　在我们进行方案设计时，可以观察到它们对项目方案的进程有着不可或缺的作用。我们在方案的设计过程中要将四者有机地综合运用，充分发挥各自的优点，弥补彼此的不足，以更好地促进创作思维向前进行。

6.室内设计创意案例

（1）案例一：创意餐饮空间设计。

(a)

(b)

(c)

(d)

(e)

↑"D 米纳特"占地面积 170 平方米。整体空间划分合理,让设计融入生活,营造自然品味、格调。是包括功能工艺、材料造价、审美形式、艺术风格、精神意念等各种因素综合的创作

(a)

(b)

(c)

↑ "拳击啤酒厂" 主题餐厅。啤酒一如既往是焦点。通过酒吧后面的玻璃可以看到现场啤酒厂、大的自来水墙、铬管天花板特征和工业金属包层柜台。啤酒厂的个性和品牌遍及整个空间

（2）案例二：创意办公空间设计。

国外设计师曾提出过办公空间的景观要求。景观办公其实是给人提供一种相对自由的环境，在空间上创造一种自然轻松的气氛，从人的需求出发，创造一人与环境的对话关系。

（a）　　　　　　　　　　　　　　　　　　（b）

（c）

（d）

↑这里的办公空间，环境相对自由，氛围自然轻松。这里是联合办公，就是营造一个大家在一起的社区概念。在这里，人与人之间不是机械的关联，而是依照个人内心空间的精神元素，得到工作、生活、社交这三者之间的平衡

(a)　　　　　　　　　　　　　　　　(b)

(c)　　　　　　(d)　　　　　　(e)

(f)　　　　　　　　　　　　　　　　(g)

↑这是一家餐厅，一家酒吧，一个会议地点。这里将雄心勃勃的概念转化为室内设计概念，将环境意识与热情的创新联系起来

(a)

(b)

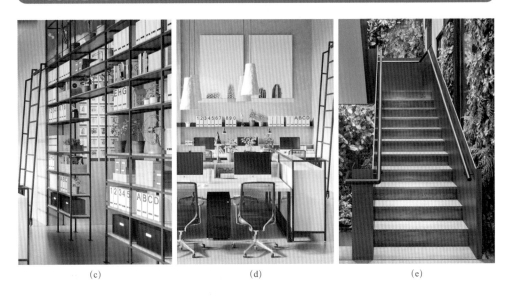

(c)　　　　　　　　(d)　　　　　　　　(e)

(f)

↑ 泽园林——理想中的创意办公空间

第3章
设计工作中靠"纸"解决问题

识读难度: ★★★★★

核心概念: 规划、合理、协商、途径、改变

章节导读: 只要厘清大脑中的信息,Excel 可以应用在其他各种各样的情况中,比如上一章中讲的制作会议记录,大脑一片混乱;想与客户交涉,却组织不好语言……这些都属于大脑中的信息没得到整理的状态。这些问题用 Excel 通通都可以解决。本章将以各种设计问题为例,具体介绍 Excel 的使用方法。

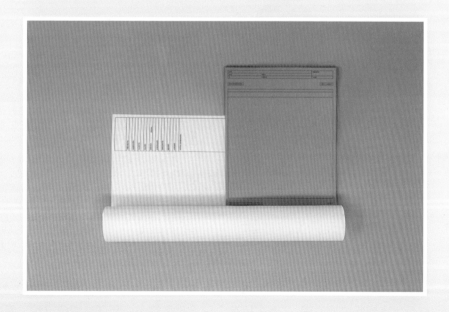

3.1 "一页纸"设计技巧1：一天的设计工作规划

当我们接到一个设计项目时，每天下班都会将第二天的设计安排规划好。为此可以准备一个记录本，并在上面写下来。可以当天晚上或第二天早上在上下班路上确认。

←安排规划设计进程

主要记录问题如下：

▲ 你是否每天认真面对自己的设计？
▲ 你每天的设计是否充实？
▲ 你每天的设计是否多到做不完？

1. 制作一天的工作计划

在大多数情况下，实际写了计划之后才会发现"要做的事情其实没有想象的那么多"，心情也会变得更轻松。总有设计师会问："我每天太忙了，该怎么办？"可以尝试使用这个方法，而且空格数设定为 32 个，但实际上大多数人只填了 3 ~ 5 个。最后大家都吃惊地说道："原来只有 3 ~ 5 件事啊……我还总说自己忙，原来并没有太多事情。"只有意识到这一点，才会促进接下来的行动。像这样有很多问题只需写下来就能解决。

戴尔·卡耐基在《人性的优点》一书中也说道："写下来，许多问题就能解决。"但事实是更多的人连写都懒得写。在一张完全空白的纸上，写对大多数人来说都很难，这时只要在一个主题下进行填空，写就变得很简单了。不实际写一写，大家感觉不出来的，其实通过这几步简单的操作，你的大脑就会清晰很多。

（1）画框架。✎

在"一页纸"上画出 Excel 的框架来。空格数可以是 16，也可以是 32，根据设计量而定，主题是"今天要完成的事"。

（2）填写日期及主题。✎ ✎

填写计划当天的时间及主题，主题为"今天要完成的事？"。想到什么就写什么，越详细越好。

（3）空格内填写要完成的事。✎

填写空格。每个空格中写一项具体的设计，例如，要给客户打电话确认一下施工时间，等等。

制作一天的设计计划

✎ 边框　　✎ 日期　　✎ 主题　　✎ 问题（Q？）　　✎ 总结（A？）

20××.××.×× 今天要完成的事？	14：00～15：00	⑦与 B 讨论设计方案	⑨与客户 A 打电话预约看设计图纸 ✡ △
9：00～12：00	③看设计资料	⑥画出方案草图	⑩制定"一页纸"准备协商和面谈"表格资料 △ ✗
②会议 ✡	⑤构思设计方案	⑧初步完成 CAD 设计图纸 ✗	○ ○ ○
①与客户 A 有约 ✡ △	④将设计资料交给 B ✗	⑪修改 CAD 设计图纸	○ ○ ○

2. 制作计划排序

全部写完之后，接下来开始排序。

当要排序的时候，大脑中就会思考"我早上要开会，要提前组织好会议上要说的话""我想用大部分时间去思考这个设计方案，那就先把杂事处理了吧"等。

排完顺序之后，Excel 就结束了，接下来你只需按照计划顺序做事就行了。

为了高效地利用有限的时间，"战略＝资源分配＝排序"必不可少。如果看见什么就做什么的话，你可能会很累。那么问题就来了，"如何给计划排序呢？"

下面所讲的制作一天的设计计划中，有一项是给设计计划排序。可能有的时候事情实在太多且难以排序，这时我们应该怎么办呢？一页 Excel 就能解决这个问题。

（1）完成"一天的工作计划"表格。

（2）给"重要的事情"画六芒星记号（最多三个 ✡ ）。

花两分钟完成"一天的设计计划"表格之后，接下来给"最重要的三件事"画六芒星标记。

（3）给"紧急的事情"画三角形记号（最多三个 △ ）。

（4）给"可以交给其他人做的事情"画叉形记号（根据实际情况画 ✗ ）。

"画 ✡ 和 △ 且没画 ✗ "的就是优先度最高的设计，优先度次之的就是"画 ✡ 或 △ 且没画 ✗ "的设计，"画了 ✗ "的就可以找其他人来做。本节是以"非常忙"的人为前提进行讲解的，这些人的特征就是喜欢"包揽"所有的事情。画 ✗ 的事情就尽可能交给其他人办。在制作排序时，要反复问自己以下三个问题：

▲ 最重要的事情是什么？（重要程度）
▲ 最紧急的事情是什么？（紧急程度）
▲ 可以找其他人做的事情是什么？

史蒂芬·柯维的《成功人士的 7 个习惯》一书中也提到了在考虑事情优先顺序时，重要程度和紧急程度的重要性。

例如，这次是以事情量比较大的人为中心进行讲解的，那么事情量不多的人在排序时，第三个问题就可以改成"越早做越好的事情是什么？"等。需要根据自己的情况，制定一个轻松有趣且符合实际的问题。

通过提问来"排序＝可视化"最重要的是数量，不是质量。这里提三个问题，而不是一个问题是有其意义的。

↑ 考虑事情优先顺序

　　因为问题的切入点越多，就会发现"真正"重要的事情。并且会通过"文字"体现在纸面上。

　　假如你面前有十个大小、颜色、形状不一的苹果。如果你要选一个送给你的朋友，你会选哪个呢？恐怕你就会开始想"哪个看起来最好吃？""哪个表面最光滑？""哪个最香？"等问题，这是因为从多角度选择，才最不容易失败。如果仅从"苹果红不红"这一个角度来选择的话，那么最红的苹果可能表面不光滑，甚至有划痕。同理，给事情排序时仅从一个切入点来排序，很可能会失败。

　　当然这三个问题中，第一个是关于重要程度的，第二个是关于紧急程度的，第三个是根据实际情况自行调整。不要想得太难，按照自己的进度慢慢想就可以了。

3.2 "一页纸"设计技巧 2：合理安排工作日程

"减少不均衡、勉强、无用功"。

设计日程大体可以分为"繁忙期"和"闲散期"。时间管理的理想状态就是综合这两种情况，但是实际上设计项目的进度总会出现"不均衡"的情况。一旦进入繁忙期，人就会勉强自己，一旦勉强自己，设计质量就会降低，导致最后做的可能是无用功。这就是以"不均衡、勉强、无用功"的顺序记录的原因。所以，为了不做无用功，我们就要创造一个不用勉强设计的环境，为此我们要把握好设计项目的进度，减少不均衡。

现在公司为了减少这种不均衡的境况发生，让设计师们将两个月的设计计划总结成"一页纸"。"一页纸"设计计划管理指的是同一部门的一个小组，人数各有不同，一般为 8 ~ 15 人，所有人的设计计划都要分享到小组里。假设一组有 10 个人，那么这 10 个人的设计计划都分别总结在一页 A3 纸上。"一页纸设计计划"每个月都会更新，到了月末，每个人都会从计算机上登录群组文件更新自己的设计计划。因此只要看这个文件，就能知道谁的设计项目在什么时间做到哪一步了，也能知道小组成员的繁忙程度。

每周一次的小组会议的桌子上一定会放着"一页纸"，内容是这两个月的所有设计师的设计计划。小组根据这份文件对设计的安排进行调整。

←小组会议的桌子上放着"一页纸",能清晰地看出设计的"不均衡",减负

　　重点是小组的设计计划被总结成了"一页纸"变得"可视化",这样就能清晰地看出设计的"不均衡"。只有这样,小组所有成员才能在达成共识的情况下分配设计项目上的负担。如果没有这"一页纸",那么每个人就不知道其他人的设计项目情况,所以小组也很难达成共识。

　　"减少不均衡、勉强、无用功"首先从"将时间可视化"开始。

　　关于这一点,彼得·德鲁克的名著《经营者的条件》中也提到了时间管理要从"记录时间"开始。那么"一页纸设计计划"如何应用到个人的项目设计计划管理之中呢?

　　在设计中也经常出现不均衡,那么如何才能合理地安排设计计划呢?我们公司的一个策略就是将两个月的设计计划总结成"一页纸"。使用这种"一页纸设计计划"便可以轻松管理自己的计划进度。下面就使用 Excel 消除设计日程的不均衡。

1. 制作框架 ✎

　　空格的数量需要根据设计内容进行调整,这里以 16 格为例,主题为"接下来两个月要做的事?"。

2. 填写日期及主题,主题为"协商和面谈的内容" ✎ ✎

3. 填写未来两个月的主要设计 ✎

　　填写未来两个月要做的主要设计项目。可以不按时间顺序,想到什么就写什么。

4. 决定符号 ✎

　　这里假设要制订 4 月到 5 月这两个月的设计计划表。根据完成期限,分别给各项标出不同的符号。

6月中旬之前完成的设计……✿

6月下旬之前完成的设计……△

7月中旬之前完成的设计……□

7月下旬之前完成的设计……○

符号画完之后，整体确认一下符号分布是否平衡。如果✿过多、△过少，就要考虑调整日程计划表。

调整日程计划表的方法有两个：

（1）调整完成时间。

（2）交给其他人。

根据优先顺序调整项目设计时间，甚至可以颠倒一些顺序，如果有可以交给其他人做的事情，那就要不客气地交给别人。

如果眼前设计堆积成山，人就容易陷入眼前的事情而身心俱疲，这时我们要提前制订"一页纸"设计计划，避免不必要的繁忙。

合理安排日程

✎ 边框　　✎ 日期　　✎ 主题　　✎ 问题（Q1？）　　✎ 总结（1P？）

20××.××.×× 接下来两个月的设计项目日程？	电话预约客户 △	设计项目施工 ○	○ ○ ○
签订项目合同 ✡	反复修改设计图纸 □ ✗	回复客户邮件 □ ✗	○ ○ ○
制作方案图纸 ✡ ✗	整理设计方案 □	会议 ○	○ ○ ○
查阅资料 △	与客户面谈 ✡	○ ○ ○	○ ○ ○

3.3 "一页纸"设计技巧 3：准备协商与谈判

当设计师准备协商与谈判时。如何处理与客户之间的关系，就是每个设计师必须面对的问题。设计前要与客户进行深入的沟通，了解他的性格、生活习惯等，因为设计的最终结果是供客户使用，所以设计中虽然有自己的风格，但一定是要符合客户的个人喜好的。

室内设计的首要目标在于满足客户生活的基本需要，这是设计师与客户的关系，是一个从认识到了解，最终达成共识的过程。

客户的特殊性对于设计师来说是一个挑战，因为每个客户一定会有不同的要求。设计师所能做的就是将自己的设计概念详尽地解释给客户听，与客户进行沟通，尽量在动工之前让客户了解自己的想法。因为设计很难直观地向客户解释清楚，所以一个足够优秀的设计师还要具备一个技能就是懂得表达。

在设计师进行一个设计项目的时候，无论做谁的设计，都要认真对待。主要还是要靠沟通、阐述、变通，来找到合适自己的一套方法。也不需要太触目，但一定要够经典、够个性。遇到很麻烦的要求时，设计师要灵活应变，因为处理设计的手法有很多，也可以借力打力用其他东西来配合客户的要求，这种能力往往需要自己的经验和灵感来解决。

让设计师的设计作品被客户接受，和与客户的谈判获得成功，最有效的办法就是用头脑与智慧的付出，这样方能够换来成功。不同类型的客户，要采用不同交流手段，在满足客户要求的同时，也能够体现设计师的思想效果。

优秀的设计师在与客户沟通中会给客户留下较好或较高的评价，而反之能力缺乏的设计师在与客户沟通中会给客户留下许多误解，使顾客对此失去信心。在客户面前我们都要学会自我推荐，在实际谈判中客户最关心的是设计方案的创意效果、产品价格、工程质量，所以我们要让客户全面了解我们自身的能量及创意思想。

设计师的审美观念和标准是要在满足客户与开发商提出的条件下的，不会强加于客户。融入了自己的设计理念，再通过适当的处理手法，营造出别具风格的生活环境。正确看待客户的要求是设计师的本职，同时还要把客户的需求与自己的设计有机地结合在一起。

▲"投其所好"，创作出自己的设计。

例如，有的客户与开发商爱好旅行，就要设计之中加入一些异国的元素；有的客户爱好茶道，就要在设计中营造和设置茶室。

(a)

(b)

(c)

(d)

(e)

(f)

↑ "投其所好"。对爱好旅行在家居设计之中添加一些异国元素，既符合客户需求，又融入了自己的设计理念。营造出了一幅别具风格的生活环境

(a)

(b)

↑ "投其所好"。给有着茶道爱好的客户，设计关于茶文化空间

我们在设计过程中抓住主要环节，透过纷乱的表象来洞察问题的本质。抓住主要矛盾，就已经解决了问题的一半。设计项目不是一桩草率的事情，是需要一段设计过程的经营，是与客户相互感应的互动过程，是一个孕育成果的历程。

提升我们的品位至关重要。品位是有多种形态的，就像不同的风格与质感都有人去喜爱追求一样，但重要的是要能得到超越形式表面所呈现的或感官所感受到的那个"言外之意"。其次，品位是要求适当，适当就像古人宋玉形容佳人所说的："增一分则太长，减一分则太短。"总之，就是要不多不少，恰如其分。

设计师读到这里，应该知道该怎么做了。先思考一下，然后接下来讲解如何用Excel来制作"一页纸"的协商和面谈技巧。

1. 准备协商和面谈

（1）制作框架，空格数为 16 个。✎

（2）填写日期及主题，主题为"协商和面谈的内容"。✎ ✎

（3）填写关键词。✎

（4）给"设计师最需要表达的三个内容"上画圆圈。✎

（5）制作表格的框架。✎

（6）填写"Q1?"～"Q3?"及答案。✎ ✎

准备面谈

✎ 边框　　✎ 日期　　✎ 主题　　✎ 问题（Q1？）　　✎ 总结（1P？）

20××.××.×× 协商和面谈的内容？	设计师的自身素质	针对性的设计	○ ○ ○
客户的特殊性	设计师的品位	其他	○ ○ ○
了解客户	项目的性质		
客户要求	项目的规模		○ ○ ○ ○ ○ ○

在"Excel"中填写设计师应提出的问题及具备的要求。将最需要了解的三个问题框选出来。

将"Excel"中框选的三个问题分别填入"Q1?"~"Q3?"

20××.××.×× 准备面谈	1P？	Q3？ 项目的规模？	3 后期使用规模
为了更好地了解设计项目的要求		1 项目投资规模	2 项目建设规模
Q1？ 了解客户？	3 设计的引导	Q2？ 设计师的品位？	3 仪表、谈吐、素质
1 喜好	2 要求	1 恰如其分	2 积淀、提炼设计师的文化品位和生活体验

2. 记录面谈

向对方传达事情时，最重要的是站在对方的立场想问题。摸清对方的性格和独特的说话方式，并且用日常用语来思考，可以十分真实地设想当时的场量（交涉或面谈）。另外，在协商和面谈的时候用"日常用语"。

日常用语指的是生活中经常使用的话语、词语，它的反义词是商业用语。例如，如果"项目的性质是？"是商业用语的话，那么日常用语就是"是家装还是商业装修？"；如果"客户要求？"是商业用语的话，那么日常用语就是"喜欢什么风格，想要设计成什么样的？"。

虽然写在资料上的是商业用语，但在思考如何写、写什么的时候尽量用日常用语。这时因为商业用语过于生硬，有时会影响自己的思考，所以在准备阶段尽量用日常用语，能使过程更加轻松，史容易带来好的结果。

（1）制作框架，空格数为 15 个。

（2）填写日期及主题，主题为"设计师与客户需要表达的内容"。

（3）填写面谈时需要了解的问题，"Q1？"～"Q3？"。

（4）填写"Q1？"～"Q3？"的答案。

记录面谈

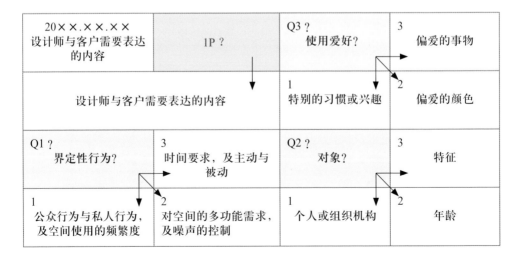

边框　　日期　　主题　　问题（Q1？）　　总结（1P？）

20××.×.×× 设计师与客户需要表达的内容	1P？	Q3？ 使用爱好？	3 偏爱的事物
设计师与客户需要表达的内容		1 特别的习惯或兴趣	2 偏爱的颜色
Q1？ 界定性行为？	3 时间要求，及主动与被动	Q2？ 对象？	3 特征
1 公众行为与私人行为，及空间使用的频繁度	2 对空间的多功能需求，及噪声的控制	1 个人或组织机构	2 年龄

3.4 "一页纸"设计技巧 4：找寻创意设计途径

　　设计的思维方法归结为调查分析、设计创意、确定正稿、调整修改、制作完成等几个步骤。事实上，室内设计有着自己独特的思维方式。设计师画草图也只是为了将创意表现为可视的图形，从而为确立正确的设计思想奠定基础。为使得整个创意设计更加的完美，在设计后期要不断地进行调整、修改，只为设计精益求情、锦上添花。

　　在这个过程中，创新代表着独特的主意、个性化的点子。我们画图不仅仅是设计中的一种程序、一个过程。因为尽管今天我们都在讲"把过程看得比结果更重要"。可是一到具体问题时，对过程真正含义的理解还是会出现偏差。

1. 从手绘稿中引发创意思维

　　纵观许多大师的作品，均有过程中的手绘，或意念或形式，其实这就是创意思维的起点。任何一个面、一个点、一条线，甚至一种声音、一种味道都可能发展、演变成具有丰富内涵、实用性很强的设计作品。因为我们用于创造的思维模式十分丰富，诸如形象思维、逻辑思维、发散思维、集合思维、激荡思维、逆向思维等。这些模式又相互融合，互为补充，可谓灵活多样，无拘无束。

　　更何况人的大脑本身就具有天马行空的思维功能，关键是要如何去运用它。例如，当我画出一个圆圈时，你可认为是太阳、月亮、地球；也可理解为一个盘子、一种水果、一只皮球等。可以用它表现一个被划定的范围；也可以表达一种圆满的心情。可以说它是孕育着的生命；也可以说它是车轮滚滚向前。可以认为它过分圆滑，没有个性；也可以说它成熟，富有包容感。

创造思维模式

✎ 边框　　✎ 日期　　✎ 主题　　✎ 问题（Q1？）　　✎ 总结（1P？）

20××.××.×× 创意设计的思维模式？	逻辑思维	○ ○ ○	○ ○ ○
形象思维	激荡思维	○ ○ ○	○ ○ ○
发散思维	逆向思维	○ ○ ○	○ ○ ○
集合思维		○ ○ ○	○ ○ ○

20××.××.×× 移动的轨迹"线"？	1P？	Q3？ 斜线	3 ○ ○ ○
创意是无限的，也是不可终止的		1 动摇、活动、不稳定	2 ○ ○ ○
Q1？ 直线	3 具有男性的阳刚之美	Q2？ 曲线	3 具有女性的阴柔之美
1 沿一个方向运动留下的轨迹	2 优雅、柔和、流畅、起伏	1 点不断改变方向留下的轨迹	2 优雅、柔和、流畅、起伏

2. 从平面向空间思维的转化

在中国传统绘画中，强调"意在笔先"。我们可以从两个方面认识"意"字。

（1）我们深入设计表现对象，让表现者将我们的设计之"意"加以表现。

在这种情况下，要求表现者与我们之间应有良好的沟通，表现者应充分了解我们的心中之"意"后，再利用自身技巧将其最大限度地还原在受众面前。

（2）我们自己作为表现者去表达自己设计的作品理念。

这在设计的过程中是十分普遍的，因为我们需要将自己的思维转化成图像，以使更进一步地分析、判断自己的设计作品的优劣，为下一步设计提供一个比较好的依据。

中国台湾室内设计公会理事、杰群室内设计公司刘东湖先生指"平面做好，设计就完成了一半"。

在室内设计方案的平面图中，我们要时时把握住空间的特点，每一处形体、每一种功能的转换以三维形象在思维中出现，这样平面布局就不仅仅是二维的点线的关系，它的每一条线段及其所呈现出来的内容都是种空间形象。

我们具备了这样的设计意识，不但能有效提高设计水平，还为更好地表现设计意图提供了良好基础。

(a)

(b)

(c)

(d)

↑"意在笔先"。这是座英文风格的阁楼酒吧，它将古老的工业建筑变换成一个温暖舒适的酒吧。高贵木材、生砖、皮革、纺织品等，这些给室内带来了特殊的触觉和贵族气质。

↑ "意在笔先"。这是一个家具展示空间，将所有风格一致或相近的家具及装饰摆件归置完好。同展品家具风格一致，展厅空间整体呈现出一种凛冽、深刻、野性的印象美，这也是整个空间所要表现的"意"，即"感觉"

→ "意在笔先"。一眼就能看出这是一个美式家居空间，值得一提的是，灯具设计别具一格。整体空间给人整洁的"气质"美，不经意间打破常规，又使得空间更加别具一格、匠心独运

(a)

(b)   (c)

↑ "意在笔先"。这是坐落于圣彼得堡的 "kompaniya 厨房和酒吧" 餐厅。餐厅大厅是由木材和金属构造的，添加一些缓和气氛的植物及其他元素，让我们的餐厅看起来更像一个玻璃或者果园的房子

3. 从相关设计中借鉴创作灵感

    室内设计是设计家族中的后起之秀，其特点一是产生时间短，二是总是有着其他设计的影子。室内设计既是建筑设计的延续，又是多门学科的整合，与相关专业有着千丝万缕的联系。因此没有理由不向其他设计专业学习，借鉴创意灵感。目前，一些专业室内设计师已经将视角转向服装设计、建筑设计和汽车设计上，一方面是

用室内设计师的目光审视其他专业，另一方面是在观察，精细观察其他专业的走向，从中吸取养分、借鉴灵感。

如在火车卧铺，车厢内设计有地脚灯，即不能影响夜间休息，又可保证夜间行走，在卧室设计中，室内设计师如法炮制，反响很好。又如室内天花板的灯槽设计现在是普及了，但是谁又想到这一经验最早是从飞机上借鉴的呢？

(a)

(b)

(c)

(d)

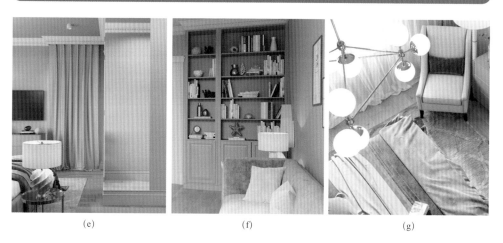

(e)　　　　　　　　(f)　　　　　　　　(g)

(h)

↑ "灰&粉红计划" 公寓

作品名称：灰&粉红计划

　　创作灵感来自一些莫斯科公寓设计，受到灵感启发，偏爱温柔的粉红，是以灰、粉红为设计元素，设计出适合女性喜爱、居住的时尚又舒适的空间。

(a)

(b)

作品名称：7 只羊

创作灵感来自童话故事《狼和七只小羊》，窗户很大，白天光线充足使我们有一间明亮的房间，里面有白色的椅子，椅子能反映奶酪的颜色，象征着白色的羊。在这里"狼"是主要的演员，咖啡吧以咖啡馆的形式工作，有羊奶酪制作的各种食物。

(c)   (d)   (e)

(f)

↑ "7 只羊" 咖啡吧 / 酒吧

夜晚, 就像酒吧的典型情况一样, 这个机构控制着一种闷热的氛围。"狼" 习惯在黑暗中开始捕猎, 这时咖啡馆变成鸡尾酒酒吧。矿石表皮、桌子和墙上的木头、家具的黑色装饰, 造成的室内黑暗的气氛, 也迎合了狼的形态。

(a)

(b)

(c)

(d)　　　　　　　　　　(e)　　　　　　　　　　(f)

(g)

作品名称：甜品沙拉餐厅

　　创作灵感来自野餐旅行的想法，餐厅强调食品和自然的联系，在自然界中一天的所有典型元素都被重新审视、重新组合和重新提出成为新的角色。

3.5 "一页纸"设计技巧5：学会"批评"与"被批评"

现在通过 Excel，设计师都会感到精神上轻松了许多。但是也有不少设计师和领导磨合得不是很好，总是受到批评。被批评的时间一长，总是身心俱疲，备受折磨。多数设计总是默默地听着，有的时候会觉得领导批评得对，有时候又会觉得太过分了，有的时候还会觉得领导说得不对，所以越听，大脑越混乱。同样，可以使用 Excel 解决这件事。

首先，准备一个稍微大一点儿的笔记本，并提前在本子上画好 Excel 的框架，领导说话的时候，就用本子记录下来。一边听领导训话，一边将说话内容记在 Excel 框架中。就这么简单，这样做比只听着心情好多了。

←一边听上司训话，一边用"Excel"记录上司说话的内容，纸起到了缓冲作用

为什么会产生这种现象呢？

这是因为，纸先挡住了批评的话。也就是说，纸起到了缓冲作用，使对方的话没有直接作用于你。这样设计师才能客观地倾听对方讲话。这时你就会发现对方批评的不是你的人格，而是你的工作方式。仅仅听着领导的批评，我们都会觉得自己的性格和人格都被否定了，这是因为通过将批评的对象转换成纸，我们会发现领导批评的只是自己的工作方式，郁闷的心情就能化解了。

其实设计时经常能碰到类似的事情，这时需要做的就是拿纸当挡箭牌。当然不仅是自己手上笔记 Excel，文件纸或者白板都可以拿来作为代替。

3.6 "一页纸"设计技巧 6：指出设计工作中的问题

　　可能有的设计师当上领导后才感觉到，批评人其实是很消耗能量的。自己被领导批评时觉得压力很大，但当自己成了领导之后就会感觉到其实领导的压力更大。但是现在有一种用"一页纸"减轻批评别人时的压力的方法，非常简单。

　　在白板或纸、笔记本上画出 Excel 框架，然后一边填写 Excel 空格，一边指导或批评手下，就这么简单。

　　有一位设计师用了这个方法，并向领导汇报了结果，并指出自己在工作上的问题。他知道自己对下属很严厉，经常越骂越生气，大脑充血，导致压力非常大。运用这种方法之后，他在批评下属时都会在白板上写一个 Excel，把自己想说的和下属说的话全部都记录在内。

　　例如，客户对设计师的风格设定不满意，客户要求的是法式田园风格，但是设计师设计的却是美式田园风格，这两种风格很微妙，一般客户并没有都去过美国和法国，虽然去过也不会长期在这两个国家的乡村停留过长时间，虽然这位客户也没有去过这两个国家的乡村。但是他从网上看过很多图片，能分得清这两个国家的区别，于是对设计师丧失信心，准备放弃在该公司设计。

　　作为设计总监得知后自然会直接发火，在没写 Excel 之前，他说一旦听不懂下属想表达的内容，就会将所有责任推在甲设计师身上。但写了 Excel 之后，设计总监发现，他生气的对象从下属变成了眼前的 Excel。虽然也会生气，但边写边会发现下属说话中的逻辑关系，从而诱导对方说话。而且下属的态度发生了转变，之前总是满脸不情愿，但现在已经愿意积极地找自己谈话。这就说明不管是批评的一方，还是被批评的一方，压力都可以得到减轻。

　　设计总监陪着设计师一起重新厘清了设计风格的来龙去脉，指出两种风格的本质区别，将区别写在 Excel 中，重点指出常人容易混淆的几个设计要点，法式田园风格主要是指法国南部乡村风格，或接近地中海风格，运用了部分地中海风格中的设计元素。而美式田园风格是延续英、法等西欧国家 18 世纪乡村风格，具有一定的古典元素，设计元素以内陆地区乡村为主，手工装饰品居多。厘清这些后，再与客户沟通，终于将客户挽回了。

　　原因与上一节所讲的相同，自己在批评别人时，可能会越说越激动，越说越生气。但通过"写"这一过程，将愤怒先发泄在纸上，这样就能更加客观地听到下属的解释，谈话也能顺利地进行，同时还能减轻下属的压力。

　　将对方的话写在纸上，更容易看见其中的逻辑，抓住要点。即使对方说话前言不搭后语，也不用像以前一样直接发怒，而是循循善诱，帮助对方一起解决问题。

3.7 "一页纸"设计技巧7：改变设计工作的方式

设计公司的设计师们每天都要将信息整理成"一页纸"。这一页精华，有时能开拓一项新的项目，有时能培育实习设计师，总之它是非常有用的一页纸。

"有用的一页纸"换句话说就是"能打动对方心灵的一页纸"。假设为了说服客户将设计项目交给自己，现在要制作设计图纸。为了顺利接到这个项目，你的设计就必须要打动对方，并让他认同你的设计方案。整理信息，并将信息清楚地传达给对方，人的心就会被打动，接下来就会行动。

处于公司管理层的设计总监们最烦恼的是每天都特别忙，就算每天都用 Excel 制订一天的日程计划，但总会发生突发事件，把一天的计划全部打乱。处理突发事件每天大概要花 3 个小时，所以加班也变成了家常便饭。其实，那 3 个小时就先放弃，只要调整、控制好剩下的 5 个小时就行了。这样可以让自己的精神比以前轻松很多。

在调整之前，所有时间都被突发事件控制，一天之中几乎没有自己能掌控的时间。但是现在一天之中有了自己能控制的时间，所以精神变得格外轻松。设计总监们所做的就是将"眉毛胡子一把抓"的工作方式进行分解，分成了"自己可以控制"和"自己不能控制"两个部分，仅仅这样做，心情就会发生改变，心灵也随之被打动。

▲ "一页纸"不仅能减轻物理上的负担，还能使精神更加轻松。

第4章

"一页纸"设计方法

识读难度：★★★★☆

核心概念：理解、思维、创意、风格、空间、色彩、灯光、陈设

章节导读：本章介绍室内设计中各个环节的设计方法，逐一解决设计难题与可能
出现的矛盾，通过直观的设计图表来表述设计方法，将"一页纸"设
计方法发挥至极致。

4.1 "一页纸"的设计创意 1：理解设计

我们知道，设计是我们大脑的灵动反应，是智慧海纳百川的无限境界。

设计的本质是灵动的思维，只有思维的灵动才能在设计时产生无边无际的想象空间，只有灵动的思维才有群策群力的快感。

在设计过程中，设计师要会考虑变中求通、通中求变，这也是设计师创意设计的思维结构。而独特的思维角度才是设计者通变的能力，日新月异是作为一名优秀设计师的原则。

在我们的设计过程中，会对多感性思维进行归纳，其内容包括我们对将要进行的设计方案做出的周密调查与策划，分析出客户的具体要求及方案意图，以及整个方案的目的、地域特征、文化内涵等。还有我们能够由此通过各自独有的思维产生的一连串的设计想法，并在诸多想法与构思的基础上提炼出来最为准确的设计概念。

这里举个简单明了的例子，以便大家理解。

1. 设计灵感来源

(a)

(b)

(c)

↑ "Moomin"系列童话（插画师：Tove Jansson 托夫·杨森）

2.空间创作设计

(a)

(b)

(c)

(d)

(e)

(f)

↑ "Mumin Kaffe"

作品名称："Mumin Kaffe"

创作灵感来自"Moomin"插图的元素:柜台的镶板类似于"Moomin"房子设计;绿色沙发的靠背运用"Moomin"插画图。"Moomin"插画设计穿插在空间的内部,被用作有趣的细节。这个咖啡馆适合所有年龄的孩子,成年人在享用美味的咖啡,同时孩子们也能够拥有他们的乐趣。

3. 思维结构与创造能力

思维结构与创造能力是密不可分的。思维决定行为,我们创作设计的最终目的为在我们的设计作品中直接反应我们复杂的思维活动。而决定我们设计结果有所差异的根本原因在于我们与其他设计师的思维方式与表达手段有所不同。

在设计中,每个人对事物的理解,都是按照个人的观点来组织与实施的。我们的思维是一种精神活动,是我们大脑对信息加工与处理的过程。开发我们右脑的"六感":设计感、故事感、交响能力、共情能力、娱乐感、探寻意义,创新思维来自模仿的思考和联想的思考。

(a)

(b)

↑ "Tree house"（来自大自然的联想）

(a)

(b)   (c)   (d)

(e)

↑概念商店"Garderoba"（建立在慢速购物理念之上）

爱因斯坦说"想象力比知识更重要，因为知识是有限的，而想象力概括世界上的一切，推动着世界的进步，并且是知识进化的源泉"。

创意是我们设计的灵魂，它通过逻辑思维到形象思维的转变，使抽象的理念向具象的图、文、声转化。

我们要从宏观、整体和系统的角度去认识设计和进行创造，并在自我完善中逐渐寻觅到设计创意发展更有生命力的替换性思路，包含创意过程、创造成果、创意环境、创造力及实践经验等。

对于创造性设计思维而言，创新是其本质要求，因而设计与创新密不可分。可以概括为创意性设计思维是室内设计的本源，室内设计不只是结果，更是一种过程，是一种特定的动态的思维过程，充满了个性与创造力。

室内设计是一项十分复杂的社会行为，作为室内设计师，要有清醒的认识和理解。

(a)

(b)

(c)

↑积木咖啡馆：该建筑在建造时采用了独特的积木堆叠法，用最省工的材料来制造出天然而流畅的空间，精小的咖啡馆却创造出了如匆匆树林般的有机整体感

4. 思维特性与形式

（1）制作框架。

（2）填写日期及主题。

（3）填写相关问题及答案，"Q1?"～"Q3?"。

思维特性与形式

✎ 边框　　✎ 日期　　✎ 主题　　✎ 问题（Q1？）　　✎ 总结（1P？）

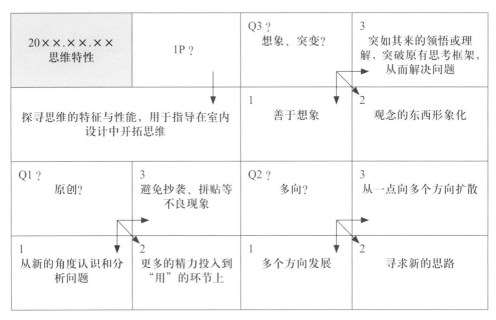

20××.××.×× 思维特性	1P？	Q3？想象、突变？	3 突如其来的领悟或理解，突破原有思考框架，从而解决问题
探寻思维的特征与性能，用于指导在室内设计中开拓思维		1 善于想象	2 观念的东西形象化
Q1？原创？	3 避免抄袭、拼贴等不良现象	Q2？多向？	3 从一点向多个方向扩散
1 从新的角度认识和分析问题	2 更多的精力投入到"用"的环节上	1 多个方向发展	2 寻求新的思路

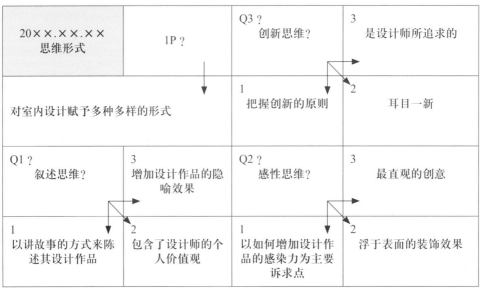

20××.××.×× 思维形式	1P？	Q3？创新思维？	3 是设计师所追求的
对室内设计赋予多种多样的形式		1 把握创新的原则	2 耳目一新
Q1？叙述思维？	3 增加设计作品的隐喻效果	Q2？感性思维？	3 最直观的创意
1 以讲故事的方式来陈述其设计作品	2 包含了设计师的个人价值观	1 以如何增加设计作品的感染力为主要诉求点	2 浮于表面的装饰效果

5. 思维创意

思维创意就像一个装了彩色玻璃碎片的万花筒，每转一下就会变成新的搭配显现出新的花样。创意力的头脑就是花样制造机，将设计信息与从大千世界中提炼的知识和经验相结合。从羽毛的温顺联系到软包的柔软；精巧的鸟笼看似随意却有深意的猜想；空间的形状像可以消遣整个午后时光的咖啡馆。因此，培养发现事物关联的能力并使之成为习惯，可以认知的意念为那些与创意有关的人员及无关人员，设计出一种评判标准，可以判断创意是否存在及创意如何，等等。

思维作为我们认识世界、改造世界，创造物质文明和精神文明的源泉，虽然存在于我们的一切活动之中，并通过其表现出来。但由于诱发思维产生和出现条件的差异性，使得我们的思维在其形式方面具有某些不同，这些不同的思维形式表现出各自的特征。一般而言，思维形式包括了价值观、思维过程、思维形式或推论形式三大部分。最有代表性的是把思维形式分为：抽象思维（理性思维或科学思维）、形象（感性）思维与灵感（顿悟）思维（创造性思维）几种形式。

"世界上最著名的、最富创造力的设计界领袖们有着某些共同特质：他们总是追求原创性设计；他们总是永远尊敬那些有真才实学的人；他们总是不懈地追求完美，而自觉前行。"——马特·马图斯

(a)

(b)

(c)

↑ Budapest M4 line（公共交通 4 号线，一套宏伟的混凝土结构和迷幻的装饰）

4.2 "一页纸"的设计创意 2：设计思维

设计思维是我们认识客观世界的本质及其运动规律的理性方式。它区分为直观动作思维、直观影像思维和逻辑思维等不同类型。室内设计以直观影像思维为主要手段。其表征如下：直观性，以直观的感性形象再现对象的形式要素和结构关系，符合我们感性认知客观事物的心理需求。

用具体的形象表现我们不能直接感知的认知对象，为思维境界建构形象化的贯通性结构，综合再现客观世界的完整图式，从而实现其简约性和运用形象描述事物的功能。设计思维不仅能够启发联想，还可以缩短逻辑推理过程，使我们直接判断和理解形象所蕴含的意义成为可能。因此，室内设计作品的优劣从某种角度来说是由设计思维的深入程度来决定的。

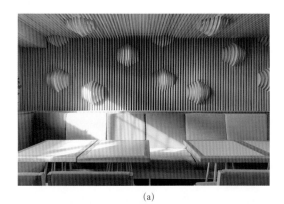

(a)

(b)

(c)

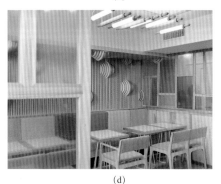

(d)

↑用具体的形象（羊角面包）表现我们对物体的认知（乌克兰咖啡店）

↑用具体的形象表现不能直接感知的认知对象

(a)

(b)

↑ 用抽象的线条形象表现虚拟的形象对象

　　设计思维过程是从感性具体到抽象一般，再从抽象一般到理性具体。目的是在思维过程中再现客观事物内部联系，以把握其本质，使人在认识和改造自然的活动中，从事物的必然走向事物自由。

　　设计思维的一般程序是分析与综合、抽象与概括。分析是在观念上把整体事物分解为组成部分，把事物的各种属性区分开来。综合则是在观念上把事物的组成部分联合为整体，把事物的各种属性集合起来。不对事物进行分析，就不能把握事物的完整性。抽象与概括是分析与综合的高级程序，抽象是把事物的本质属性与非本质属性观念区分开来，概括则是把事物的共同本质观念联系起来。借助于抽象与概括，就可以从具体中认识一般，透过现象把握本质。

分析设计思维模式

（1）制作框架。

（2）填写日期及主题。

（3）填写相关问题及答案，"Q1?"～"Q3?"。

分析思维模式

20××.××.×× 思维模式有哪些？	1P？	Q3？ 艺术性思维？	3 需要发挥艺术想象力才能充分感受艺术作品的魅力
研究室内设计的思维方法，将方法总结为固定规律，成为模式，用于指导各种情况下的室内设计		1 人在心里对环境产生感觉而形成的记忆表象所进行的艺术加工，形成具有艺术形态的想象	2 对外界事物进行新的组合与创造，使其更加典型化、深刻化，产生更抽象、普遍的审美特点
Q1？ 创造性设计思维？	3 在思维过程中发挥其有效作用	Q2？ 再造性思维？	3 按照常规并遵循传统思维方式和借鉴以往的知识经验
1 对现实的进步具有推动作用	2 非常规性，即打破传统概念，另辟新径	1 固守成规，没有新意，不能推动现实的进步	2 平常通过学习、记忆和记忆迁移等一般思维方式所进行的思维活动

4.3 "一页纸"的设计创意 3：设计创意

任何创意的产生都需要大脑思考的过程，这个思考过程就是创意的方法。

选择不同的创意方法，就有可能产生不同的创意；即使产生的是相同的创意，它们所经过的思考过程也是不同的，因而思考时间的长短、消耗精力的多少等必然不同。所以，选择最佳方法和寻找最佳捷径，是产生最佳创意的关键所在，也是产生创意必不可少的基础。

牛顿所用的是非系统法中"反一反法"或"意场感应法"，但如果他采用的是其他方法，那有可能永远想不出所以然来。任何创意的产生都会有最简单、最快捷的方法，这直接关系到创意质量的好坏与成败，是产生创意所不可或缺的重要条件。

↑ 创意展台设计

1. 设计的创造性

方案的构思是创造性最强的工作，我们能否善于采用各种有助于创新思维的方法，对于设计项目的成败至关重要。

创造性方法是室内设计方法重要的组成部分，它贯串装饰工程设计的全过程。可以说，设计是一种创造性劳动。设计每一个环节都有其目标和相应的方法，而环节与环节之间又是渐进的、循环的。

其最终的目标就是要学会用"系统方式"来解决室内空间问题，并学会在观察、分析、归纳、联想、创造和评价的设计全过程中积累实践经验。

(a)

(b)

(c)

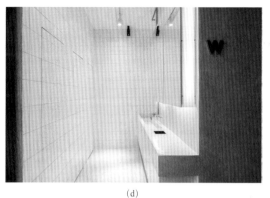

(d)

(e)

←↑该方案的用餐理念是从亚洲各地享用所喜爱的街头食品,重现风味和活力,从而将其转变为更高端的饮食体验。这是一个"黑暗、坚韧、诱人、神秘"且充满活力的空间

(f)

2. 整理设计推理与创新方式

(1)制作框架。

(2)填写日期及主题。

(3)填写相关问题及答案,"Q1?"~"Q3?"。

整理设计推理与创新方式

✎ 边框　　✎ 日期　　✎ 主题　　✎ 问题（Q1？）　　✎ 总结（1P？）

20××.××.×× 设计推理与创新方式?	列举	○ ○ ○	○ ○ ○
提问	逆向	○ ○ ○	○ ○ ○
组合	立体	○ ○ ○	○ ○ ○
类比	○ ○ ○	○ ○ ○	○ ○ ○

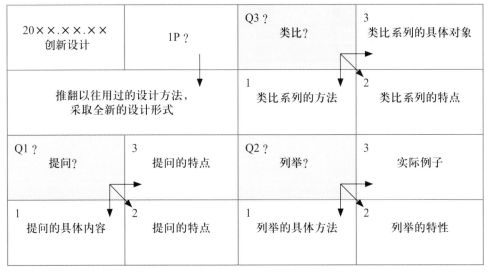

20××.××.×× 创新设计	1P？	Q3？ 类比?	3 类比系列的具体对象
	推翻以往用过的设计方法， 采取全新的设计形式	1 类比系列的方法	2 类比系列的特点
Q1？ 提问?	3 提问的特点	Q2？ 列举?	3 实际例子
1 提问的具体内容	2 提问的特点	1 列举的具体方法	2 列举的特性

3. 创新性的实践能力与素材再造

创新性的实践能力，主要指创造过程中的设计能力、实验能力、应用知识解决实际问题的能力以及创造技能技法等。应用知识解决实际问题的能力，即"对事物能迅速、灵活、正确地理解和解决的能力"。这种能力的发挥，最重要之处在于对知识的熟练掌握，只有把知识学深学透，学到融会贯通和运用自如，才能正确地应用它去分析设计中出现的问题，才能洞察深邃，找出产生问题的症结所在，才能切实解决出现的问题。

知识、认识能力、远见卓识、实践能力、创造能力之间是相互联系、相互影响的，把这些因素有机地结合起来，就形成了创新人才所必须具备的智能系统。

素材再造是通过观察、分析、归纳、联想的方式，始终贯串设计的目的方向，并研究实现目的的外因限制、理解设计定位是建立目标系统后的设计评价系统，也是选择、组织、整合、创造内因（原理、材料、结构、工艺技术和形态）的依据。

这个过程既能广泛消化前人的经验；又能学以致用地吸收自然、前人的营养，做出"它山之石，可以攻玉"的创造；其特点是既要创新也不能脱离实现。

（1）联想阶段形成的创意要被设计目标不断地确认。

（2）创意方案要不断在选择、筛选过程中依据评价，以支撑、完善设计目标为目的。

（3）从整体方案的创意到方案细节的创意；细节与细节的过渡；细节与整体方案的关系，即不同层次的构思都要与相对应的想象相呼应。

(a)　　　　　　　　　　(b)　　　　　　　　　　(c)

(d)

(e)

↑餐厅的室内装有深海的隐喻，这是一个充满了海洋波动的空间。设计师将餐厅的内部作为一个比喻的深海。一个充满智慧的空间，充满了一个天才设计师创造的建筑细节

4.4 "一页纸"的设计创意 4：空间构型

空间是室内设计的本质，也是建筑的生命。贝聿铭把空间理解为"空间与形式的关系是建筑艺术和建筑科学的本质"；美国建筑师沙利文把功能与形式关系归纳为"形式由功能而来"。

空间形态的设计必须依赖于实体的塑造，而作为空间形态构成要素之一的材料常常以实体或实体表皮的形式出现，并被我们所关注。材料的质感、肌理、色彩经过不同手段的处理，在光影效果和结构方式的作用下呈现多种不同的性格和特征，赋予空间某种气质和品位。

材料的肌理和质感在空间中具有很强的亲和力。空间形态的各种信息，绝大部分是通过我们的视觉活动获取的。

(a)

(b)

(c)

←↑空间采用裸露的水泥材质来塑造墙面的肌理效果，赋予空间野性、原始的自然生态美

1. 空间点、线、面的交织

在思考室内空间形象时，应首先区别其具体空间环境，即空间环境虚实形态内在的有机区别与联系。虚形态，如以上提到的环境场所、空间知觉及光影层次等；实形态，则包含点、线、面、体等。空间形象构成最基本的因素是点、线、面，它们是构成室内环境的单元体，具体可分为理性形态、抽象形态和自然形态。设计就是着重于点、线、面的灵活运用。

空间的点、线、面交织成体量，在室内设计的主要实体环境中，表现为客观存在的功能限定空间要素。

室内就是由这些实在的限定要素组成：地面、顶棚、四面围合成空间的基本要素的形状、颜色、质地、光线、比例、尺度、平衡、和谐的空间，就像是一个个形状不同的盒子，我们把空间的要素称为界面。界面有形状、比例、尺度和式样的变化，这些变化造就了建筑内外空间的功能与特点，使建筑内外的环境呈现出不同的氛围。

(a)

↑→空间整体呈现美式风格的氛围。自然，洋溢着开放式美。

(b)

(a)　　　　　　　　　　　　　(b)

↑ 作为儿童娱乐空间，空间布置温馨、活泼可爱

(a)　　　　　　　　　　　　　(b)

←↑空间大量使用自带文艺气息及自然感强烈的陈设。比如绵软且色彩活泼的抱枕；舒适、可爱的躺椅。这些将空间装扮得更加舒适、文艺、绵软……

(c)

2. 空间的尺度、比例与模度

尺度是指在空间设计中整体的尺度适度概念。包括整体与局部、局部与局部的尺度关系。

思维创意设计的形式也要求对空间设计的各部分尺寸加以慎重的平衡，多取决于"空间尺度"。同一形状在不同尺度的空间情况下，不但改变了大小，甚至会改变性质。对各部分在形式上所发生的作用，对比会影响尺度感，恰当利用空间的比例与尺度这一原理，可以增加空间尺度的层次感。

（1）人与空间的关系。

室内空间尺度首先是要把人考虑进去，空间是让人从内空来感悟的。所以设计空间尺度时首先应考虑人和空间的比例关系，若以表现景为主，单看景是好的，空间比例也恰当，人走进去时，却会感到不适应。另外，空间构成不仅要以人的活动为根据，也是构成室内空间的一个非常重要的动态因素。我们根据自己的生活经历，常常会体验到高低不同、大小不一的空间环境，给人以不同的精神感受。

（2）室内空间尺度的延伸。

空间延伸或扩大是为了使一些小尺度或低空间的室内获得较为开阔、爽朗的视感境界。相比而言，室内的空间是有限的，为了扩大室内空间，首先是沟通室内与室外之间的联系，其次是处理好它们之间的过渡。

(a)

(b)

(c)

(d)

(e)

(f)

(g)

←↑ "KMDSH" —— 一所主导创造性、独立和自由思考的学校。空间内由大量的几何图案：正方形、矩形、圆圈、条纹、格子等组成视觉图像，并与设计和谐地混合。鲜艳的色彩组成装饰的元素，得到了一个愉快的内部空间设计

　　总之，室内空间的创意设计是空间的架构、穿插、层次等多种艺术效果的交融与渗透，这些手法深刻地影响室内环境设计，许多优秀室内环境设计作品，常常以导向分明、通透淋漓、层次丰富的特点，取得了空间创意在总体结构与风格情趣上的和谐一致。

3. 空间流动的音乐

赖特曾说："任何真正的建筑师或艺术家只有通过具体化的抽象才能将他的灵感在创作领域中化为形式观念，为了达到有表现力的形式，他们也必须从内部按数学模式的几何学着手创造。"

（1）流通的空间。

流通的空间的概念产生于 20 世纪初，这是个很前卫的名词，在当时属于创造性的突破。开创了与以往完全不同的封闭或开敞空间。著名的《园冶》更是将其理论化，"移步换景"和"虚实互生"，苏州园林就是最好的证明，"咫尺之内造乾坤"就是他们对"流通空间"出神入化的理解与应用。

"山重水复疑无路，柳暗花明又一村"，中国文人对这种空间的理解与密斯又何其相似。

(a)

↑→"虚实互生"

(b)

(a)

←↑ 移步换景

(b)

（2）空间的节奏。

空间设计的节奏，是建立在重复基础的空间连续分段运动，表现形体运动的规律性。节奏从形式规律的角度来描述，可以分成重复节奏和渐变节奏两类。

在自然界中，树的年轮、动物身上的图案、螺贝的螺旋关系、雷电、云彩等无一不充满了秩序之美。现代设计强调整理形态，如渐变、放射、特异、对比、统一等，都是整理形态使之产生美的方法。

（3）空间的气氛美学。

空间气氛美学是一种总印象，但空间氛围则更接近于个性，是能够在一定程度上体现环境个性的东西。

我们通常所说的轻松活泼、庄严肃穆、安静亲切、欢快热烈、朴实无华、富丽堂皇、古朴典雅、新潮时尚等形容词就是关于氛围的表述。

室内环境应该具有什么样的氛围，是由其用途和性质决定的。在空间环境中，还与人的职业、年龄、性别、文化程度、审美情趣等具有密切的关系。

我们要改变空间的气氛与空间的情感，可以说，室内环境的意境美是室内环境精神功能的最高层次，也是对形象设计的最高要求。

(a)

(b)

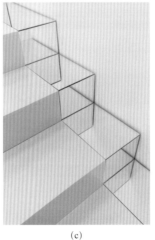

(c)

(d)

(e)

↑ "秘密商店",空间给人一种女性化,温和、柔暖的氛围与环境

(a)

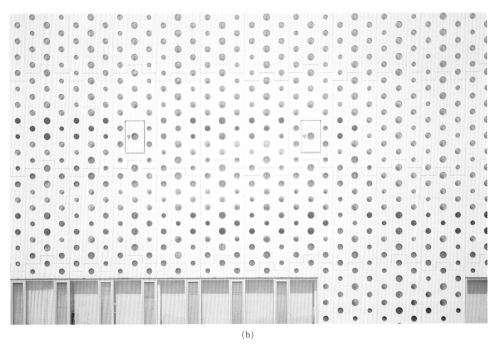

(b)

(c)

(d)

↑虽是金属材质构造，却用圆滑的小洞装饰，加之涂刷成温和的银白色。使得空间给人一种静谧、温和、广阔的感觉。相比其他造型，却非常适合图书馆安静、舒适的阅读气氛与环境

4. 探讨空间的构型

（1）制作框架。✏

（2）填写日期及主题。✏ ✏

（3）填写相关问题及答案，"Q1?" ~ "Q3?"。✏ ✏

探讨空间的构型

✎ 边框　　✎ 日期　　✎ 主题　　✎ 问题（Q1？）　　✎ 总结（1P？）

20××.××.×× 空间的构型？	流通的空间	○○○ ○○○	○○○ ○○○
空间界面要素构成	空间的节奏	○○○ ○○○	○○○ ○○○
人与空间的关系	空间的气氛美学	○○○ ○○○	○○○ ○○○
室内空间尺度的延伸	○○○ ○○○	○○○ ○○○	○○○ ○○○

20××.××.×× 空间节奏的规律类型、特性？	1P？	Q3？ ○○○	3 ○○○
找出空间中富有节奏与韵律的形体，进行分析，从中找到规律进而能深化设计	1 ○○○		2 ○○○
Q1？ 重复节奏	3 统一的简单重复	Q2？ 渐变节奏	3 形状的渐大渐小、位置的渐高渐低、色彩的渐明渐暗以及距离的渐近渐远
1 由相同形状的等距排列形成，各个方位的自我循环	2 是最简单也是最基本的节律	1 重复，且每一个单位都包含着逐渐变化的因素	2 在平面构成中有最典型的表现

121

4.5 "一页纸"的设计创意5：风格趋向

勒·柯布西耶曾说："风格是原则的和谐，它赋予一个时代所有的作品以生命，它来自富有个性的精神。我们的时代正每天确立着自己的风格。不幸，我们的眼睛还不会识别它。"

风格是指一种精神风貌和格调，是通过造型艺术语言所呈现的精神、风貌、品格和风度，是我们从设计创意中表现出来的思想与艺术的个性特征。这些特征，不只是思想方面的，也不只是艺术方面的，而是从创意总体中表现出来的思想与艺术相统一的并为个人或作品独有的特征。

在设计思维创意中，风格是通过室内设计的语言表现出来的。室内设计语言会汇集成一种式样，风格就体现在这种特定的式样中。在这里，应该强调说明两点：一是风格要靠有形的式样来体现；二是风格又是抽象和无形的，要求欣赏者根据"式样"传递的信息加以认识和理解。

著名建筑设计大师贝聿铭先生说道："每一个建筑都得个别设计，不仅和气候、地点有关，而同时当地的历史、人民及文化背景也都需要考虑。这也是为什么世界各地建筑都各有独特风格的原因。"

(a)

(b)

(c)

(d)

↑ 中式风格，其独特意境

(a)

(b)

(c)

(d)

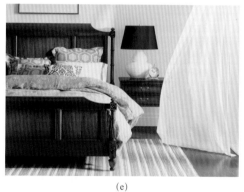

(e)

(f)

(g)

↑ 美式风格，其兼具具古典主义的优美造型与自然舒适

(a)

(b)

(c)

(d)

(e)

↑日式风格，其具有浓郁的日本民族特色

　　室内设计发展趋向已经到了多种风格并存共生的多元化时代，未来的室内设计更将是在国际大同的背景下，活跃多种风格，变换诸多流派。

　　许多新思维将应运而生，比如对异形空间的理解，从盖里（Frank Gehrg）西班牙古根海姆美术馆的设计作品开始，我们现今已不再满足于方盒子白色天花的常

127

规空间，而是刻意地追寻不同寻常的空间感觉。

我们的社会允许多种风格的存在，也见证了不同流派的兴衰，也只有这样，设计事业才会百花齐放，设计水准才能在不断变化中得以提高和进步。

设计风格的更迭与交替是设计发展的必然过程，正是由于种种风格的不断更替才有了我们设计艺术的不断繁荣与发展。

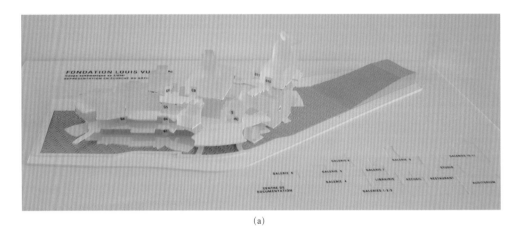

(a)

(b)

(c)

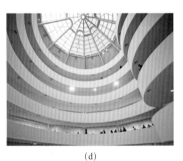

(d)

↑ 西班牙古根海姆博物馆（设计师：盖里）

(a)

(b)

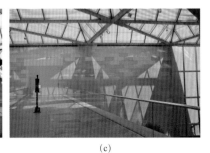

(c)

↑ 美国国家美术馆东馆（设计师：贝聿铭）

超越时代的记忆。所谓设计的时代感，指由时代的社会生活所决定的时代精神、时代风尚、时代审美等需要，体现在设计作品格调上的反映。

同一时代的设计师，个人风格可能各不相同，但无论是谁的设计作品，都会烙上时代的烙印。并且巧妙地揉进其他文化气质类型的成分，往往会使设计作品脱离某种固有模式而显得比较自在。现代室内设计理应倡导结合时代精神的创新。

1. 叙述设计的风格与趋向

（1）制作框架。

（2）填写日期及主题。

（3）填写相关问题及答案，"Q1?" ~ "Q3?"。

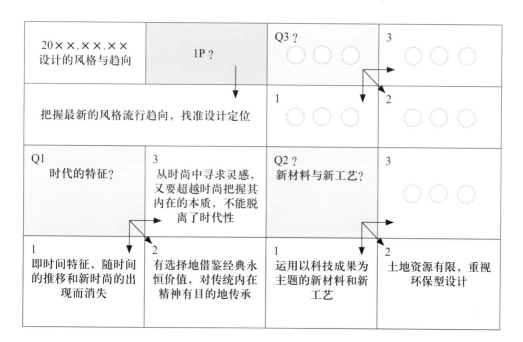

叙述设计的风格与趋向

边框　　日期　　主题　　问题（Q1？）　　总结（1P？）

20××.××.×× 设计的风格与趋向	1P？	Q3 ？ ○ ○ ○	3 ○ ○ ○
把握最新的风格流行趋向，找准设计定位		1 ○ ○ ○	2 ○ ○ ○
Q1 时代的特征？	3 从时尚中寻求灵感，又要超越时尚把握其内在的本质，不能脱离了时代性	Q2 ？ 新材料与新工艺？	3 ○ ○ ○
1 即时间特征，随时间的推移和新时尚的出现而消失	2 有选择地借鉴经典永恒价值，对传统内在精神有目的地传承	1 运用以科技成果为主题的新材料和新工艺	2 土地资源有限，重视环保型设计

2. 情感表象

情感不仅同情绪（心境、激情、应激）和美感直接相关，也渗透了道德感和理智感，因而，严格意义上来说，情感的发生与发展又或隐或显、或多或少地与理性因素有关。

由于与这种情感相关的记忆表象相当丰富多样，它就会在潜意识中使与这类情感相关的众多表象记忆都活跃起来，每时每刻都可能向众多的方面建立起关联"。也就是说，情感时时刻刻都可以促动潜意识发出与之相关、转瞬即逝的信息，给我们提供产生灵感、获得灵感的机遇。

叙述设计情感的表象

边框　　　日期　　　主题　　　问题（Q1？）　　　总结（1P？）

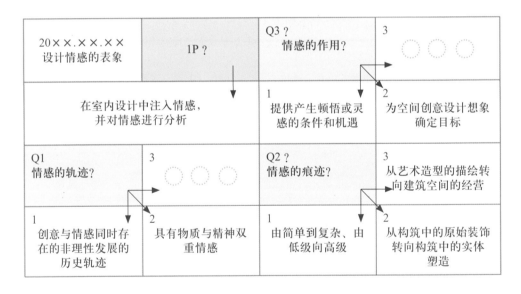

20××.××.×× 设计情感的表象	1P？	Q3？ 情感的作用？	3 ○ ○ ○
在室内设计中注入情感，并对情感进行分析		1 提供产生顿悟或灵感的条件和机遇	2 为空间创意设计想象确定目标
Q1 情感的轨迹？	3 ○ ○ ○	Q2？ 情感的痕迹？	3 从艺术造型的描绘转向建筑空间的经营
1 创意与情感同时存在的非理性发展的历史轨迹	2 具有物质与精神双重情感	1 由简单到复杂、由低级向高级	2 从构筑中的原始装饰转向构筑中的实体塑造

3. 人性化设计

人性化设计是指在符合我们物质需求的基础上，强调精神和情感因素的设计，社会的发展在某种程度上也是人性化发展的过程，是不断否定自我、超越自我的过程。

设计主要体现为人服务的宗旨，就必须具备人性化的特点，人性是人所共有的正常情感和理性，向善爱美、求真求实都是人性的具体表现，而人性化设计是以"人本主义"为原则。

以人的精神、行为、生理、心理要求为前提，以相应的技术手段为保障的创造性活动，是人文精神的集中体现，也是人与环境、人与自然和谐共处的集中体现。**以人为本，是当今社会提倡的主题之一。**

←"人性化设计"。在休息区的桌椅上空设置了一些遮阳棚。设计在满足功能的同时，让空间更加舒适

←"人性化设计"。将展柜设置在展厅的地上，方便大家更好地观赏。也能更好地展示展品的体态

←"人性化设计"。在办公空间布置庞大的书架设备，方便使用者随时"取阅"

　　空间为人提供活动的场所，人为空间注入活力和价值，二者相互影响，我们只有通过研究人与自然的关系、物质与文化的关系，才能创造出人性化的空间和场所，真正体现设计为人服务的宗旨。

　　人性化设计既要满足我们物质上的需求，更要强调精神和情感需求。我们社会的发展在某种程度上也可以理解为人性化要求不断发展的过程，是不断否定自我、超越自我的过程。以人的精神、行为、生理、心理要求为前提，以相应的技术手段为保障的创造性活动，是人文精神的集中体现，是人与环境、人与自然和谐共处的集中体现。

叙述人性化设计

边框　　日期　　主题　　问题（Q1？）　　总结（1P？）

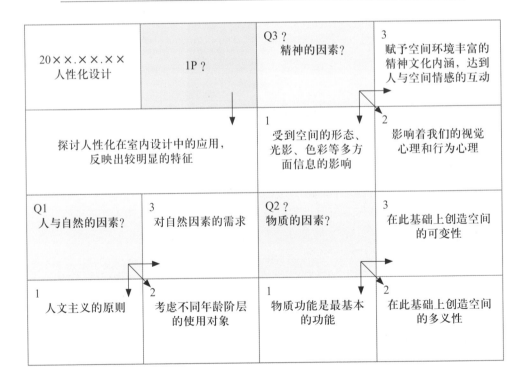

20××.××.×× 人性化设计	1P？	Q3？ 精神的因素？	3 赋予空间环境丰富的精神文化内涵，达到人与空间情感的互动
探讨人性化在室内设计中的应用，反映出较明显的特征		1 受到空间的形态、光影、色彩等多方面信息的影响	2 影响着我们的视觉心理和行为心理
Q1 人与自然的因素？	3 对自然因素的需求	Q2？ 物质的因素？	3 在此基础上创造空间的可变性
1 人文主义的原则	2 考虑不同年龄阶层的使用对象	1 物质功能是最基本的功能	2 在此基础上创造空间的多义性

4.6 "一页纸"的设计创意 6：设计延伸

1. 设计的文化特质

文化一词，广义上是指我们在社会实践过程中所获得的物质、精神的生产能力和创造的物质、精神财富的总和。狭义上是指精神生产能力和精神产品，包括一切社会意识形态：自然科学、社会科学、技术科学、社会意识形态。有时又包含教育、科学、文化、艺术、卫生、体育等方面的知识与设施。作为一种历史现象，文化的发展有历史的继承性，同时也具有民族性、地域性。不同民族、不同地域的文化形成了我们文化的多样性。

设计具有丰富的构成要素，无论是建筑空间，还是其中的家具、绘画等，都是一种语言。设计核心就是要不断创新、创造出更适合我们的活动空间和审美空间。让室内设计在当下的条件下，在观念艺术和建筑艺术的影响作用下，把设计思维创意提升到一个更高的层次，以多元化、多层面为价值取向，以优秀文化传统为审美取向，创造更多的具有先锋性的、原创性的室内设计作品是当代从事室内设计的我们责任所在。

（1）设计是一种高雅文化。

设计能够让我们的生活方式更趋于美好。

设计能够提升社会进步文化的生长，提升我们的美学素质与审美情趣。

设计是能够为产品带来不同程度附加值的文化商业行为。

设计是能够使设计者自身提高文化品位的一种有益劳动。

设计是能够集我们智慧的创意、科学、技术、文化的睿智的一种综合结晶。

设计是能够让我们感受空间美学震撼力的艺术形式。

（2）设计文化气质的类型和它的影响力。

诺伯舒兹在《场所精神》一书中，就我们对空间感受的特征做了浪漫式、宇宙式、古典式、复合式等多种形式。

2. 叙述设计的风格与趋向

诺伯舒兹的分类给我们以联想和启示，根据我们对建筑外显特征的直观感受，可以将建筑空间的文化气质划分为五种基本类型。

（1）制作框架。✎

（2）填写日期及主题。✎ ✎

（3）填写相关问题及答案，"Q1?" ~ "Q3?"。✎ ✎

空间的文化气质

✎ 边框　　✎ 日期　　✎ 主题　　✎ 问题（Q1？）　　✎ 总结（1P？）

		Q3？ 混合型？	3 外特征更加富有活力
20××.××.×× 空间的文化气质	1P？		
分析空间特征，找出人文气质		1 是质朴型、粗犷型的"混血儿"	2 文化气质更富于复杂而细腻的情感表现
Q1 浪漫、文雅型？	3 慢节奏的设计感	Q2？ 质朴、粗犷型？	3 快节奏的设计感
1 富于各种想象、情感直露而洒脱	2 富于经典口味、情感沉稳而凝重	1 富于返璞归真、情感朴实而憨厚	2 富于野性刺激、情感冲动而奔放

3. 跨越边界的设计

室内设计的知识结构与我们生活的联系十分紧密，几乎与人的全部生活包括最初级的物质生活和最精微的精神生活都有联系，这种特性决定了它体现文化的必然性。室内设计的知识结构具有丰富的构成要素，无论是建筑空间，还是其中的家具、书法、雕塑、绘画等，都是一种语言，这一点，又决定了它体现文化的可能性。

基于以上理由，室内设计的知识结构一定要积极主动地体现国家的、民族的、地域的历史文化，使整个环境具有深刻的历史文化内涵。

隈研吾曾说："所谓的文化性，这些都结合得很紧，禅宗与生活是一体化的。于是，就有了所谓的禅和所谓的宗教性。"

(a)

(b)

↑→博物馆茶室

4.7 "一页纸"的设计创意 7：色彩设计

在室内空间设计中，色彩是一个重要的因素，与室内的装饰材料、家具、陈设等一起成为设计不可分割的部分。"色彩环境与气氛"是探讨室内色彩搭配与人的生理、心理关系的问题，这是一个比较重要而且值得研究的课题。色彩是室内设计很重要且容易出效果的要素，也是便宜和方便施工的室内要素。

威廉·荷加斯在《美的分析》一书中把空间理解为："最好的色彩美有赖于多样性、正确且巧妙的统一。"

在创意设计中，色彩的情感在室内设计中最具表现力，在平常多观察就会领略到色彩的各种特性。在设计的前期策划与创意的过程中，首先要有一个整体的色彩计划，根据室内空间形态的规模、大小、环境和个人爱好来确定空间色调，将每个空间都设计成统一色调，可各有不同，这与我们的爱好、个性和空间的用途密不可分。也可从色彩的明度、色相等方面入手，以及从物理、心理、文化等方面来提出设计的构思创意。

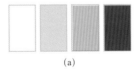
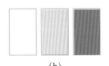

(a)　　　　　　　　　　　　(b)

↑室内设计色彩的应用

1. 空间色彩的视觉

暖色调使人感觉较轻，有向前或上浮的错觉；冷色调则会使人产生收缩感，具有后退或疏远的感觉。

利用这些错觉可以调节室内空间感。例如，室内空间过高时，顶棚可以采用略重的下沉色彩，地面采用较重的下沉色，并且无论顶棚或地面都须用单纯色。

↑色相环

↑此处店铺层高较低矮，顶面采用深灰色，地面则铺设浅灰色地砖。为避免头重脚轻及压抑感，顶面采用半开敞式，整体刷成深灰色，也能够半遮掩杂乱的管线，及延伸纵向空间感

↑上轻下重、上明下暗、上浅下深，此处空间的层高较高，因此在白色顶面的基础之上做了一些层次造型，让纵向空间不会显得那么呆板、深远

↑此处虽然在顶面也铺设了条状扣板，可在颜色上却比地面的地板要浅得多。这样处理也可避免室内空间压抑，给人一种空间延伸的错觉效果

↑空间顶面并没有封顶，而是采用暖色调的橘红小伞零星点缀，让空间更加灵动、活泼

2. 色彩的心理和生理效应

空间色彩的心理效应主要表现为两方面：一是观赏性；二是情感性。给人以美感称之为观赏性；能影响人的情绪，引发联想，具有象征的作用称之为情感性。

空间色彩给人的联想是具体的或是抽象的，抽象指的是能够联想起某些事物的品格和属性。如植物的主调是绿色，富有生机，它会使人联想到春天、生命、健康和永恒；灰色则给人贵气、宁静、智慧、平和的象征；白色能使人联想到洁净、纯真、简洁、平和；蓝色被看作代表理智的色彩，它象征清澈、明晰和合乎逻辑的态度，这与天空、大海的永恒性有关，也可以使人以清晰的头脑来思考；以黏土、沙滩、石头、木材等为基调的中性色，调子偏暖，用在建筑及环境设计中，常给人带来宁静、安乐、祥和的意象。

完美的色彩搭配并不是一种约定俗成，我们通过观察、分析自然中的色彩，可以体会更多色彩表现的可能性。

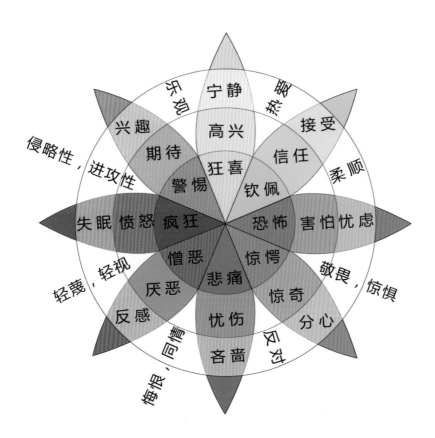

↑ 色彩心理

空间色彩的心理也体现在色彩的温度感上，色彩的温度感也与色彩的纯度有关，在暖色中纯度越高越温暖，在冷色中，纯度越高越凉爽。

温度感与色彩的明度也有关，明度越高则越温暖，而明度越低则越凉爽。另外，色彩冷暖色调的不同，也给我们带来不同的距离感。暖色使人感到亲切、贴近；冷色则使人感到遥远、冷静。其次序为：红、黄、紫、绿、青，基于这个原理，在狭小的室内空间中，不宜采用纯度很高的暖色。除了心理感受之外，空间色彩还会引起人的生理变化，也就是由颜色的刺激而引起视觉变化的适应性问题。

色适应的原理运用到室内灯光色彩中，要以消除视觉干扰和减少视觉疲劳为主要目的，使视觉感官从中得到平衡和休息。正确地运用色彩将有益于身心健康。

↑客厅、餐厅是会客或用餐场所，灯光用色不宜艳丽花哨，以免刺激神经，引起烦乱急躁的情绪

(a)   (b)

↑多彩的灯光可用于适当点缀，丰富心情

3. 影响空间的色彩的因素

对空间的色彩影响分为以下几种。

（1）与自然和谐的色彩层次。

建筑空间与自然相互贯通并具有色彩的层次性，由自然光线而产生的阴影就是自然的色彩层次。这极大地丰富了我们的色彩环境。现代主义建筑设计大师勒·柯布西耶设计的朗香教堂，正是充分利用了自然光，使教堂内获得变幻莫测的采光效果。

（2）重复与呼应的色彩节奏。

重复与呼应是体现色彩创意的重点。如果处理得好，它能使人的视觉获取联系与运动的感觉。当将色彩进行有节奏的排列与布置时，同样能产生色彩的韵律感。这种色彩的节奏可以安排在大面积的空间之中，从而在视觉上产生相应的色彩节奏。

（3）个性化的色彩特色。

空间的色彩，无论空间或时间方面都要与人的生活轨迹融为一体。室内色彩的创意目的是使人感到它的存在，因此，色彩的使用应尊重使用者的性格与爱好，选择一种色调是营造个性化色彩氛围的关键。

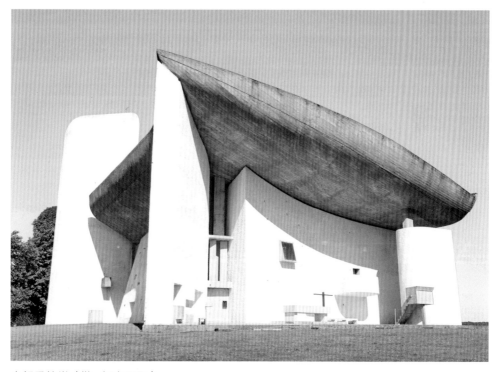

↑朗香教堂（勒·柯布西耶）

（4）与室内其他关系的协调。

室内空间的色彩构成是一个多空间、多物体的变化组合，受其使用功能的支配。

室内空间中，诸因素之间的谐调关系犹如弹钢琴时的十指运用，使室内空间的色彩既有对比变化，又有调和统一。形成一个有机的色彩空间。

（5）流行色的影响。

室内设计是现代科技与艺术的综合体现，并极富时代特色。室内空间色彩的创意与应用不可避免地受到流行色的影响，尤其是在商业、娱乐、休闲场所的室内色彩设计，由于更新周期快，且有与时俱进的特点，更应讲究流行包的使用。需要充分发挥想象，不断实践，不断调整色彩选择，才能真正体会色彩创意的独特魅力。

(a)　　　　　　　　(b)　　　　　　　　(c)

↑ 空间色彩

(a)

(b)

(c)

(d)

↑ 空间色彩的独特魅力

4.创意空间的色彩设计

（1）制作框架。

（2）填写日期及主题。

（3）填写相关问题及答案，"Q1?"～"Q3?"。

创意空间的色彩设计

边框　　　日期　　　主题　　　方案　　　记号

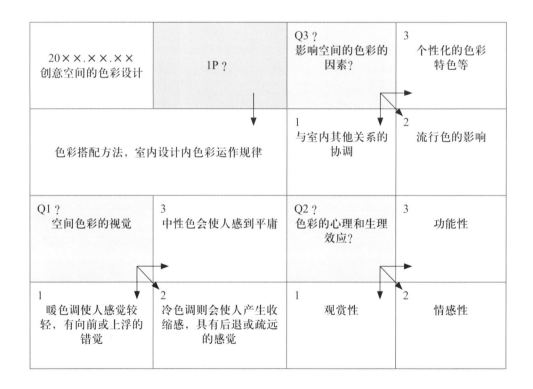

20××.××.×× 创意空间的色彩设计	1P？	Q3？ 影响空间的色彩的 因素？	3 个性化的色彩 特色等
色彩搭配方法，室内设计内色彩运作规律		1 与室内其他关系的 协调	2 流行色的影响
Q1？ 空间色彩的视觉	3 中性色会使人感到平庸	Q2？ 色彩的心理和生理 效应？	3 功能性
1 暖色调使人感觉较 轻，有向前或上浮的 错觉	2 冷色调则会使人产生收 缩感，具有后退或疏远 的感觉	1 观赏性	2 情感性

4.8　"一页纸"的设计创意 8：灯光设计

　　室内灯光设计已成为一种时尚艺术，它是创造视觉艺术氛围的添加剂，给人身心以无比的震撼和享受。我们可以从渲染空间色彩心情、营造空间光影情趣、丰富空间区域层次三个方面来论述室内设计中，室内空间灯与光的魅力。

　　英国化学家戴维使我们进入了用电照明的时代，爱迪生又将灯光带入了家庭，灯与光已成为影响我们生活行为的重要因素，空间环境的质量直接影响着我们的生活质量。

↑ 夜幕灯影

　　随着经济的发展，居住条件的改善，我们对空间的物质功能和精神功能有了更多层面的追求，灯与光的设计已成为室内设计的重要组成部分。更多的人希望通过灯与光的设计来渲染空间色彩心情，营造空间光影情趣，丰富空间区域层次。可以说，灯光是居室内最具魅力的调情师。

　　安藤忠雄把光与空间解释为："建筑实际上就是向空间导入光线的工作，所以如何用光在一开始就是一个重要的课题。当我们进入某一空间时，如对面有光线照来，这时候心境是最为放松的，因此我在进行设计的脑海中会一直考虑光线和空间容量的因素，从设计思路来说——它们与以往的思路都是一致的。"

1. 光的艺术魅力

光照的作用对人的视觉功能的发挥极为重要，因为没有光就没有明暗和色彩感觉。光照不仅是形状、空间、色彩等视觉物体的生理需求，而且是美化环境必不可少的物质条件。

贝聿铭对光线理解为"让光线来做设计"。可以说，光照能构成空间，又可改变空间；既能美化空间，又能破坏空间。不同的光不仅照亮了各种空间，而且能营造不同的空间意境情调和气氛。

(a)　　　　　　　　　　(b)　　　　　　　　　　(c)

(d)　　　　　　　　　　(e)　　　　　　　　　　(f)

↑光与影

同样的空间，如果采用不同的照明方式，不同的位置、角度方向，不同的灯具造型，不同的光照强度和色彩，可以获得多种多样的视觉空间效应。同时，光与影的结合，两者是从不分开的，只是光在明处，影在暗处而已。

如颇负盛名的日本建筑师安藤忠雄，一直用现代主义的国际式语汇来表达特定的民族感受、美学意识和文化背景，在空间环境中光影的利用达到很高的境地。

↑ 功能性

功能性

　　家居空间使用不同的灯照明更多的是使用其光照功能，也能够营造出相应的空间氛围。属于商业空间的花店，则利用晕黄的光照，更好地展示花卉的美感，也能够提升花店的整体氛围及空间层次。

(a)   (b)

↑美观性

美观性

　　商业属性的酒店空间整体打造出幽暗、古朴、神秘的环境氛围。所使用的灯饰，在其材质及光照效果上相应地点缀了空间，加强了空间的整体氛围效果，起到锦上添花的作用。民宿酒店的全部灯饰为迎合空间的整体装修效果，采用草编的形式，展现了灯具的另类美。

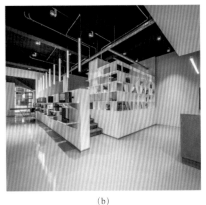

(a)   (b)

↑经济性

经济性

　　在满足灯饰自身的照明功能的同时，还兼顾经济实用的特性，满足人们功能、审美和节能的需求。不同使用空间，对其照明亮度和选用的标准也各不相同。

(a)

(b)

↑健康、安全性

健康、安全性

　　室内灯饰的安装及用电设计要求严格,确保各个空间的安全照明。灯光可以让人感知到室内各区域空间的界限,运用不同的灯光照度和灯光色彩可以对不同的功能空间进行划分。同时灯光还可以强调空间之间的主次关系,通过照度的强弱和色温的变化,以及局部的重点照明,让空间的界定更加清晰,空间的层次感更加丰富。

2. 灯光照明设计的特性

灯光照明设计必须符合功能的要求，根据不同的空间、环境、场所选择不同的照明方式，并保证恰当的照度和亮度。

例如，会议厅的灯光照明设计应采用垂直式照明，要求亮度分布均匀，避免出现炫光；商店的橱窗和商品陈列，为了吸引顾客，一般采用强光重点照射以强调商品的形象，其亮度比一般照明要高出 3 ~ 5 倍，为了强化商品的立体感、质感和广告效应，常使用方向性强的照明灯具和利用色光来提高商品的艺术感染力。

灯光照明是装饰美化环境和创造艺术气氛的重要手段也是体现空间形体块面之间的关系和层次变化、渲染环境气氛的方法。灯光照明设计是为了满足我们视觉生理和审美心理的需要，使室内空间最大限度地体现实用价值和欣赏价值，并达到使用功能和审美功能的统一。灯光照明的亮度标准，由于用途和分辨的清晰度要求不同，选用的标准也各不相同。

(a)   (b)

↑灯具的用途和分辨的清晰度要求不同，选用的标准也各不相同

（1）制作框架。

（2）填写日期及主题。

（3）填写相关问题及答案，"Q1?" ~ "Q3?"。

灯光照明设计的特性

✎ 边框   ✎ 日期   ✎ 主题   ✎ 方案   ✎ 记号

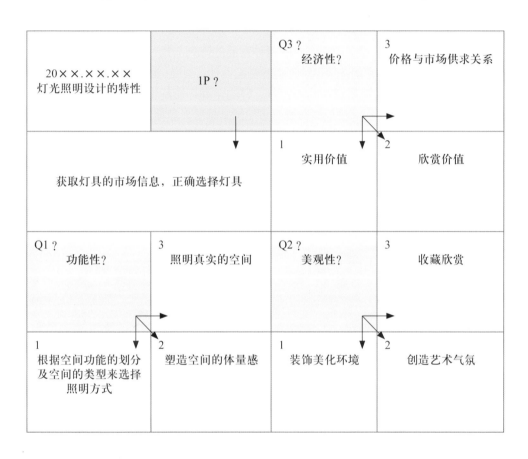

20××.××.×× 灯光照明设计的特性	1P？	Q3？ 经济性？	3 价格与市场供求关系
获取灯具的市场信息，正确选择灯具		1 实用价值	2 欣赏价值
Q1？ 功能性？	3 照明真实的空间	Q2？ 美观性？	3 收藏欣赏
1 根据空间功能的划分及空间的类型来选择照明方式	2 塑造空间的体量感	1 装饰美化环境	2 创造艺术气氛

4.9 "一页纸"的设计创意 9：软装陈设

室内软装陈设是指对室内空间中的各种物品的陈列与摆设。陈设是室内设计的升华与延续，侧重于对空间环境中装饰物的搭配设计，画饰、灯具、摆设、床上用品、窗帘、地毯、植物等，都是其中的一部分。好的空间环境配饰会给生硬的空间以生动的活力。当下，室内空间饰品与装修的搭配越来越被人重视。

↑室内软装陈设

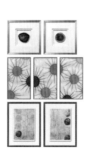

(a)   (b)

↑装饰画

↑灯具、装饰画摆件

↑装饰花瓶摆件

(a)

(b)

↑各种装饰摆件

1. 配饰设计的分类

设计分类	内　　容				
纤维	软雕塑设计	软壁挂设计	壁毯	吊毯	地毯
陶瓷	瓷器设计			陶瓷壁饰设计	
玻璃	光雕艺术设计			玻璃壁饰设计	
漆艺	漆器设计			漆艺壁饰设计	
金属工艺加工	装饰雕塑设计			金属壁饰设计	

(a)

(b)

↑壁毯

(a)

(b)

↑ 吊毯

(a)

(b)

↑ 地毯

2. 室内陈设的作用

室内陈设以表达一定的创意思想和文化内涵为着眼点,并起着其他物质功能无法替代的作用。它对室内空间形象的塑造、气氛的表达、环境的渲染起着锦上添花、画龙点睛的作用,是整体室内空间必不可少的内容,因而陈设品的展示要和室内其他物件相互协调、相互配合,不能孤立存在。

室内陈设具有以下特点。

（1）创造环境气氛。

气氛美学即内部空间环境给人的总体印象。如欢快热烈的喜庆气氛，亲切随和的轻松气氛，深沉凝重的庄严气氛，高雅清新的文化艺术气氛等。

而意境则是内部环境所要集中体现的某种思想和主题。与气氛相比较，意境不仅被人感受，还能引人联想给人启迪，是一种精神世界的享受。

↑休闲、静谧　　↑美式乡村气息，平和、安详　↑高雅、古典、简洁

↑质朴，现代中透露出一种原始的气氛　　　　↑开放、娱乐、欢快的环境氛围

↑沉稳、古典的店面装修风格，整体给人一 ↑这是梦幻的婚礼现场，有种置身童话世界的
种贵气、精致的感觉 错觉

（2）二次空间的营造。

由墙面、地面、顶面围合的空间称为一次空间，由于它们的特性，一般情况下很难改变其形状，而利用室内陈设物分隔空间就是首选的好办法。我们把这种在一次空间划分出的可变空间称为二次空间，在室内设计中利用家具、地毯、绿植、水体等陈设创造出的二次空间不仅使空间的使用功能更趋合理、更能为人所用，还能使室内空间更富层次感。

例如，我们在设计大空间办公室时，不仅要从实际情况出发，合理安排座位，还要合理分隔组织空间，从而达到不同的用途。

↑营造休闲空间（客厅）

↑营造休息空间（卧室）

（3）强化室内设计风格。

陈设艺术的历史是我们文化发展的缩影。室内空间有不同的风格：古典风格、现代风格、中国传统风格、乡村风格、朴素大方的风格、豪华富丽的风格。

陈设品本身的造型、色彩、图案、质感均具有一定的风格特征，所以，它对室内环境的风格会进一步加强，古典风格通常装潢华丽、浓墨重彩、家具样式复杂、材质高档、做工精美。适合的陈设品可以起到柔化空间，调节环境色彩的作用。

↑古典的中式风格

↑ 华丽、大气的欧式风格

↑ 清新的北欧风格

3. 室内陈设的布置原则

室内陈设的布置原则

✏️ 边框　　✏️ 日期　　✏️ 主题　　✏️ 发言内容　　✏️ 总结、记号

20××.××.×× 室内陈设的布置原则?	丰富空间层次感	考虑设计主题	考虑地域文化
与整体环境协调一致	形成视觉中心	考虑创意思想	考虑材质
比例关系正确	达到视觉上的秩序美感	考虑空间造型	○ ○ ○
与空间形式和家具样式相统一	体现个人的文化修养及品位	考虑色彩搭配	○ ○ ○

(a)

(b)

↑北欧风格家居

　　这是清新、时尚的北欧风格家居。床头选择的陈设品（装饰画、装饰小摆件）基本上都是选用的黑白元素搭配,恰好与空间中的黑白蓝三种颜色的元素相匹配。在点缀空间的同时，也与空间的色彩、环境相呼应、相统一，营造室内舒适、清新的气息氛围。

(a)

(b)

(c)

↑秩序美感

　　桌面上的两组摆件在家居设计创意中起到点睛、陪衬的作用。丰富了室内空间的层次感，又不会显得杂乱无章，加强了空间的层次感，最终达到视觉上的秩序美感。

第5章
万能的"一页纸"技巧

识读难度： ★★☆☆☆

核心概念： 行动、提升、强化记忆、写字

章节导读： 本章拓展"一页纸"的使用技巧，将这种方法用到室内设计的各个方
面，从而进一步提升室内设计工作效率，让设计师具有更清晰的头脑
思维来完成工作。

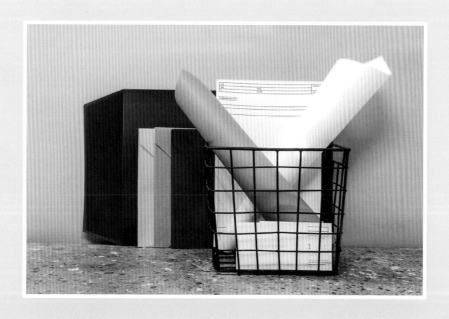

5.1 设计师的角色

　　室内空间综合性设计的执行者始终是我们室内设计师。作为一个优秀的设计师，就必须拥有非凡的创新设计能力与过人的协调能力。设计师应该通过相关培训，拥有对于室内空间的设计能力与相应的表达和沟通能力，并且能够独立完成设计项目。

　　作为设计师，我们必须具备设计相关的专业知识能力、个人美学修养、设计创新精神以及表达和实施能力。其中，良好的道德、健全的人格以及丰富的知识起了决定性的作用。更重要的是，我们会把自己的设计与人们的需要紧密联系起来，为社会、为人类的利益而设计。"毕竟设计的目的是满足大多数人的需要，而不是为小部分人服务，尤其是那些被遗忘的大多数，更应该得到设计师的关注。"

　　专业室内设计师必须做到以下几点：

▲ 分析客户的需求、目标、生活和安全要求。

▲ 提出初步的、合适的、符合实用功能和美学要求的设计概念。

▲ 对室内非承重结构部分的施工、室内的装饰材料、空间规划和家具设备及其他固定装置图纸和具体的规格要求提出自己独到的见解。

▲ 在机械、电工和承重结构设计等技术领域根据规定要求，与提供专业服务的部门或其他有执照的从业者合作。

▲ 施工过程中对设计方案做出修改和施工完成后对该方案做出评估。

　　对于大至天体、小至细胞的自然现象，艺术也同样具有审美认识作用。可以帮助我们增长多方面的科学知识。在此仅以电影艺术为例，科学教育片、故事片、新闻片、美术片并列为电影的四大类别。

　　科学教育片以传播科学知识和推广新技术经验为基本目的，向观众普及科学知识，上至日月星辰，下至地理生物，都是通过艺术再现的科普知识。设计创造是自觉的、有目的的社会行为，不是设计师的"自我表现"。它是应社会的需要而产生，受社会限制，并为社会服务的。因此，作为设计创作主体的我们——设计师，应该明确自己的社会职责，自觉地运用设计知识为社会服务，为人类造福。

　　我们提倡设计师：

▲为人类的利益设计。

5.2　付诸实际行动

　　大家觉得想要开始做某件事，或者想要实现某个目标时最重要的是什么？应该是下定决心。只要下定了决心，你就会开始行动，最终达成目标。我觉得那些没能实现目标的人中，大部分人都是因为没有下定决心，所以最后才会失败。下定决心很重要，不仅是笔者从个人经历中总结出来的经验，许多名人也都说过这样的话。

　　那么应该怎样下定决心呢？关键就是要将下定决心转化成实际行动。开始做某事时，不要纠结如何去做，最重要的是付诸行动。

←不"纠结"→"下定决心"→
付诸实际行动

　　以本书的关键词"整理"为例。

　　"你把昨天那个设计项目的资料整理一下""你把大家的方案意见整理一下"等，在设计中经常会使用到这个词。但等到真正去整理的时候，却经常无从下手，这是因为很多人不会把"整理"这个动词转化成真正的"行动"。所以，这里就要教给大家如何将"整理"这一动词转化成实际行动。

那么究竟如何去做呢？方法有很多，笔者目前也正在实践这些方法。以下面这位设计师为例。

有一位设计师，她的目标就是通过一项高级室内设计师资格考试。其实她愿望很强烈，本来可以不用填这 100 多个空格，但为了让她下定决心，笔者还是让她填了。当然，她在后来的 7 个问题中，画记号的都是"通过高级室内设计师资格考试"。画记号的过程中，她就会想"不管是为了自己、为了身边人，还是为了给社会做贡献，我一定要通过这个考试……"。通过不断地重复，最后她就会下定决心。

这就是"一页纸"下定决心的方法。

补充一点，这些"行动"必须特别简单、易操作，如果太复杂的话，反而会造成影响。不是"简单所以没价值"，而是"正因为简单"所以才有价值。这里的价值指的是"可以实践"，当你有想做的事却无法下定决心时，请一定试一下这个方法。

5.3 找出目标和期望的矛盾

设计的进度总会出现不均衡。一旦进入繁忙期，人就会勉强自己工作，一旦勉强自己工作，工作质量降低，导致最后做的可能是无用功。

这一点在个人达成目标或实现愿望时也一样。想做的事情太多，头脑中就容易一片混乱，最后什么事情都做不成。只要找到目标和愿望的不平衡之处，合理规划，事情就会变得简单许多。

这里还要用到刚才讲的制定目标的方法。如何才能找到自己想做的事情中的不平衡之处呢？首先请大家参考本章第一节中讲的方法，自己制作一个目标清单，制作完成之后，这次我们关注的是没有画记号的部分。

我们以一位年轻设计师为例。

这位年轻设计师曾经一边上班一边准备一个高级室内设计师资格考试，但是他想做的事情太多，总是不能把精力集中在复习上。他的目标清单中除了准备资格考试以外，还要考 MBA、留学等，空格全都填满了。虽然想做的事很多，但在排序环节中记号最多的还是准备高级室内设计师资格考试。完成之后再看了看他的 Excel，发现跟 MBA 相关的事情都没有画记号。于是我问他："你为什么想考 MBA 呢？这里明明一个记号都没有。"他自己似乎也感到意外,回答说:"但是考个 MBA 可能对升职有帮助吧,我们公司有许多年轻人都凭着 MBA 升职了……"

"你是真的想升职吗?"这位年轻设计师犹豫了一会儿之后回答道:"我好像也没有特别想升职……其实通过这个表格就能看出来。"后来他终于意识到了,他其实不想在公司里升职,而是想拿到资格证书后独立创业。也就是说,考 MBA 其实不是他内心的真实想法,就算他真的去考了,估计也会半途而废吧。

但其实有很多人把时间浪费在这些记号型愿望上,无论从经济角度,还是时间角度考虑,我们最好还是把精力集中在自己真正想做的事情上。

关注目标清单中没有画记号的部分,就会发现内心的真实想法。排除干扰项,为达成目标和实现愿望铺平道路。找到不均衡之处,减少不必要的麻烦和浪费,大胆放手……很多情况下,这种方法是达成目标和实现愿望的一个近路。

5.4 使设计师自我提升的"一页纸"技巧

每个设计公司每年都会举行几次设计师和领导的一对一面谈,在面谈时也会使用"一页纸"。其实,面谈的内容也没有什么特别的,例如,确认上一季度到现在你都做了哪些设计项目?或是到现在为止还没完成的设计项目有几个,大概还需要几天能出方案?或是哪几个设计方案是今年做的经典案例?

尤其对新人的设计师来说,当第一次和上司一对一面谈时会非常的紧张,而且自己没完成的事情被一一列举出来自己也很尴尬,但是这对他来说是个很好的问题。

比起没完成的事,只要坚持到现在为止完成的事(做法正确的事),就会给自己的设计项目带来新的成果。为了达成目标,最重要的就是"为之持续不断地采取有益的行动"。只要坚持,目标总有一天会实现。所以这里介绍了"ACTION FIRST(行动第一)"。

但有的时候我们不知道自己的做法是否正确。这时加上上司的客观判断,能够定期确认完成的事(好的部分),未完成的事(不好的部分),对自己非常有好处。

这项回顾那些设计方案自己用"一页纸"同样也能做到。首先决定回顾的日期，比如每晚（每天）、每周周日（一周一次）、每月1号（一个月一次）等。

提升自我

（1）制作框架，第一行写"三个主题"。 ✏️ ✏️ ✏️

用绿色笔画一个如下图所示的表格。第一行写日期和"好的部分""不好的部分""怎样改善"等。

（2）填写内容。 ✏️

用蓝色笔填写今天一天（或者一周、一个月）"好的部分"和"不好的部分"。

（3）针对"不好的部分"填写改善措施。 ✏️

针对"不好的部分"思考改善措施，并用红色笔填写。填完之后浏览整个表格，"好的部分"明天继续做，"不好的部分"开始实施改善措施。如此一来，就成了一个"持续成长"和"持续做出结果"的良性循环。

可以写成KPT。"K"是"Keep"；"P"是"Problem"；"T"是"Try"。换句话说就是"好的部分""不好的部分"和"怎样改善"，笔者会在最后的参考文献中列出相关书籍，大家可以参考。

制作提升自我的前期准备

✏️ 边框　　✏️ 日期　　✏️ 主题　　✏️ 方案　　✏️ 记号

20××.××.×× 好的部分	不好的部分	怎样改善？
××××××	○ ○ ○ ○ ○	△△△△△
××××××	○ ○ ○ ○ ○	△△△△△
××××××	○ ○ ○ ○ ○	△△△△△

5.5 整理日常随感的 "一页纸" 技巧

当别人问你一本书或一部电影的感想时，你是否经常答不上来呢？本节为大家介绍的是如何总结书或电影的感想。

首先我们思考一下为什么总结感想这么难呢？这是因为我们没有 "动机或目的"。

例如，如果写情书的话，我们就会想把自己心里的想法传达给对方；如果是设计项目方案的话，我们就要将 "这个项目设计很好" 这个想法传达给客户。这样一来，大多数文章都有它的动机或目的。所以，别人让你写的感想中就很难产生动机或目的，所以就写不出来。为了写感想，我们就要自己找到动机或目的。例如，如果是一本书的话，你的动机或目的就可以是 "我要向别人推荐这本书"。

↑我们看书的 "动机或目的"

在这里，可以回想一下第 1 章的"总结技巧"中，有一个技巧是"以向别人解释说明为前提进行总结"。总结感想也一样，凭空是很难写出来的，如果以"向别人推荐这本书"为前提进行整理的话，那么难度就会大大下降。假设你对你朋友说的第一句话是"这本书很好看"，那么接下来你的朋友会问你什么问题呢？

"哪里好看？"

"为什么你会觉得好看？"

"我在电视上也看过这本书，为什么这么火啊？"……

所以你需要做的就是解决这些问题。以此为前提，接下来我将介绍利用 Excel 来整理书和电影的感想的方法。

整理书或电影的感想

（1）制作框架，填写主题。

用绿色笔制作框架，主题为"书或电影的名称"。

（2）填写"1P?"。

用一句话总结书或电影的感想，并用红色笔填入"1P?"处。如果一开始想不出来的话，可以在"Q1？"～"Q3？"填完之后再写。

（3）填写"Q1？"～"Q3？"。

设想自己给朋友推荐这本书时，朋友可能会问的问题，填入"Q1？"～"Q3？"中。

如：

Q1?：你为什么会读这本书？

Q2?：你学到了什么？

Q3?：书里的内容如何应用到你的设计中？

再如：

Q1?：这本书哪里好？

Q2?：（针对 Q1 的回答）为什么呢？

Q3?：这本书有什么用？

（4）填写"Q1？"～"Q3？"的答案。

问题可以自己随意填写，最重要的是通过提问来整理自己的思维。动手写，最后发现自己内心真正的想法。大家可以试着写一本书或电影的感想。通过写和整理，书和电影的内容就会自然而然地输入大脑中，并且将模糊的记忆变得具体化。这种整理方法不仅能提高自己的表达能力，还有一个优点是能提高记忆力。

整理书或电影的感想

✏️ 边框   ✏️ 日期   ✏️ 主题   ✏️ 问题（Q1？）   ✏️ 总结（1P？）

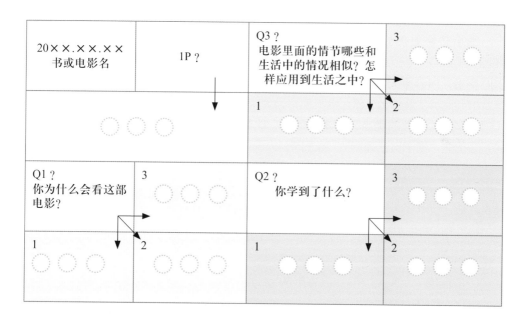

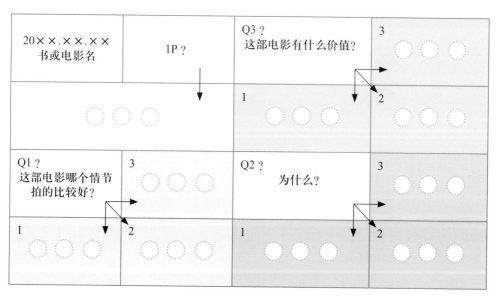

5.6 将书本内容用于设计中的 "一页纸" 技巧

　　本小节将具体介绍例子。这本书是《人性的优点》，是成功学之父卡耐基（Carnegie.D.）三大经典著作之一，世界公认的励志圣经。这本书的中文译本多达300 多页，内容量大，想全部记住非常困难。我觉得大部分人看完这本书后记不住这本书到底讲了些什么，那么接下来将为大家介绍如何将图书内容整理成 "一页纸"。

　　如果是《人性的优点》这本书的话，比起作者用什么方法展开的论述，更重要的是要优先 "易于自己理解" "易于向别人说明" 的整理方法。

整理《人性的优点》内容

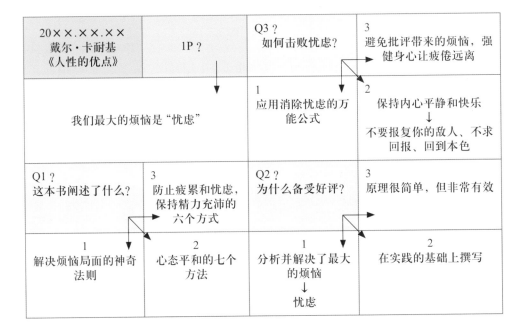

| 📝 边框 | 📝 日期 | 📝 主题 | 📝 问题（Q1？） | 📝 总结（1P？） |

20××.××.×× 戴尔·卡耐基 《人性的优点》	1P？	Q3？ 如何击败忧虑？	3 避免批评带来的烦恼，强健身心让疲倦远离
我们最大的烦恼是 "忧虑"		1 应用消除忧虑的万能公式	2 保持内心平静和快乐 ↓ 不要报复你的敌人、不求回报、回到本色
Q1？ 这本书阐述了什么？	3 防止疲累和忧虑，保持精力充沛的六个方式	Q2？ 为什么备受好评？	3 原理很简单，但非常有效
1 解决烦恼局面的神奇法则	2 心态平和的七个方法	1 分析并解决了最大的烦恼 ↓ 忧虑	2 在实践的基础上撰写

这样做，不管过多长时间，书的内容还会印在你的脑海里，不管何时都能向别人说明讲解或者便于在实践中应用。接下来我要介绍另一个《人性的优点》的"一页纸"整理法。

两个表格乍一看很相似，但仔细看就会发现其实"Q3？"部分完全不同。第一个表格中的问题是"如何击败忧虑？"，而第二个是"怎样应用这本书？"。

问题改变，整理方法也随之改变。"如何击败忧虑？"的回答是"卡耐基是怎样说的"，主语是"**卡耐基**"。与之相对，"怎样应用这本书？"的主语是"自己"，主观性更强。假设我们要向别人介绍这本书，以"Q3？"部分为例具体看一下两种整理方法究竟有什么不同。

将《人性的优点》的内容应用到设计和生活中

✎ 边框　　✎ 日期　　✎ 主题　　✎ 问题（Q1？）　　✎ 总结（1P？）

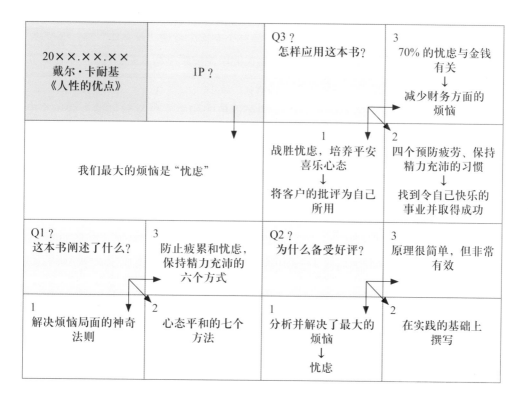

20××.××.×× 戴尔·卡耐基《人性的优点》	1P？	Q3？ 怎样应用这本书？	3 70%的忧虑与金钱有关 ↓ 减少财务方面的烦恼
我们最大的烦恼是"忧虑"		1 战胜忧虑，培养平安喜乐心态 ↓ 将客户的批评为自己所用	2 四个预防疲劳、保持精力充沛的习惯 ↓ 找到令自己快乐的事业并取得成功
Q1？ 这本书阐述了什么？	3 防止疲累和忧虑，保持精力充沛的六个方式	Q2？ 为什么备受好评？	3 原理很简单，但非常有效
1 解决烦恼局面的神奇法则	2 心态平和的七个方法	1 分析并解决了最大的烦恼 ↓ 忧虑	2 在实践的基础上撰写

5.7 强化记忆的"一页纸"技巧

Excel 能起到辅助记忆英语单词的作用。当然不仅是英语单词，工作上需要使用的专业术语或业界术语也都适用。百闻不如一见，我们马上来看一下到底怎么使用吧。

背英语单词

（1）制作框架，并画箭头。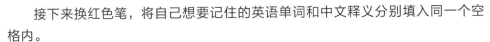

制作 Excel 的框架，填写主题和日期，可以画 16 个空格或 32 个空格，并且画出箭头。

（2）将眼前的东西按顺序填入空格内。

接下来用蓝色笔，想象自己回到家之后周围的情景。首先开门，开门之后最先干什么呢？如果是脱鞋的话，那么第一个空格内就填"鞋子"。回到家，脱了鞋，接下来会干什么呢？如果是躺在沙发的话，那么第二个空格内就填写"胡萝卜"。那么接下来会干什么呢？如果是洗手的话，那么第三个空格内就填"水龙头"等。像这样，回想一下自己每天都会做些什么，将与之相关的单词按顺序写入空格内。

（3）将想要记住的英语单词填入空格内。

接下来换红色笔，将自己想要记住的英语单词和中文释义分别填入同一个空格内。

（4）将"地点"和"英语单词"关联记忆。

空格全部填完之后，接下来要对同一个空格内的"地点"和"英语单词"进行联想记忆。

例如，以第一个空格为例的话，鞋柜下面的英语单词是"Shoes"，你就可以想象鞋柜里放着一双鞋子。再如，说沙发的上面是"Carrot"，你就可以想象与胡萝卜颜色一样的沙发等。这样就给每个单词都寻找一个"场所"，并在大脑中进行联想记忆。

像英语单词一样，如果你有很多东西需要记忆的话，就需要写很多页 Excel，这时你就需要划分具体的行动模式，例如，用水管流出的水洗手需要用到肥皂→擦手需要用到毛巾→漱口需要用到杯子，当然不仅限于家里，场所可以是日常生活中的任何一处。

使用这种方法，你每到一个地方就会自然而然地想起对应的单词，记忆效果会更好。人的大脑中存在一种能记忆场所的"place cell"（场所细胞），利用这种细胞背单词，记忆效果会更好。

之前有新闻报道过，世界记忆冠军用的就是这种方法进行的大量背诵。其实离开学校之后，有的时候我们依然需要大量背诵，这时大家可以试试这种背诵方法。

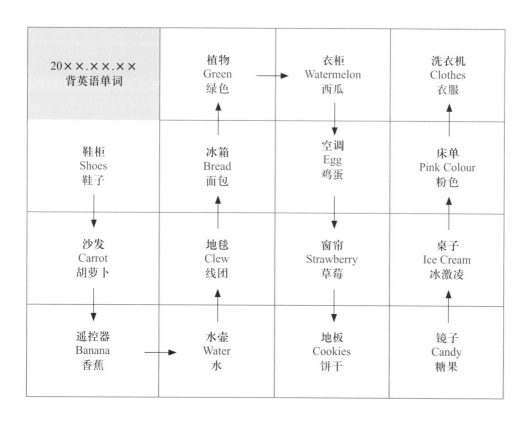

参 考 文 献

[1] 戴尔·卡耐基. 人性的优点 [M]. 陶矇，译. 天津：天津人民出版社，2014.

[2] 史蒂芬·柯维. 高效能人士的七个习惯 [M]. 北京：中国青年出版社，2018.

[3] 珍妮佛·赫德森. 新设计 1000 例 [M]. 王婧菁，译. 北京：机械工业出版社，2015.

[4] 林栩. 唤醒心理的力量 [M]. 上海：华东师范大学出版社，2016.

[5] 浅田卓. 丰田一页纸极简思考法 [M]. 侯月，译. 北京：北京时代华文书局社，2018.

[6] 贵森. 室内设计方案创意与快速手绘表达突破 [M]. 上海：中国建筑工业出版社，2006.

[7] 殷正洲，徐颖婷. 室内创意设计 [M]. 北京：化学工业出版社，2010.

[8] 许秀平. 室内软装设计项目教程 [M]. 北京：人民邮电出版社，2016.

[9] 唐康硕，陈旸. 创意空间设计 [M]. 上海：中国建筑工业出版社，2016.

[10] 盖永成，魏威，盖文来. 室内设计思维创意方法与表达 [M]. 北京：机械工业出版社，2017.

[11] 盖永成. 室内设计思维创意 [M]. 北京：机械工业出版社，2011.

[12] 顾香君. 建筑装饰创意设计基础 [M]. 北京：机械工业出版社，2012.

[13] 张晓珂. 室内设计思维方法与表现技法 [M]. 北京：中国水利水电出版社，2015.

[14] 周丽霞. 室内设计创意与表现 [M]. 北京：清华大学出版社，2013.

[15] 崔勇，杜静芬. 艺术设计创意思维 [M]. 北京：清华大学出版社，2016.

[16] 陈根. 室内设计看这本就够了 [M]. 北京：化学工业出版社，2017.

[17] 诸葛雨阳. 创意·空间·设计 [M]. 南京：东南大学出版社，2012.

[18] 简名敏. 软装设计师手册 [M]. 江苏：江苏人民出版社，2011.

[19] 郑曙旸. 室内设计·思维与方法 [M]. 2 版. 北京：中国建筑工业出版社，2014.

[20] 郑曙旸. 室内设计程序 [M]. 北京：中国建筑工业出版社，2011.

[21] 韩国建筑世界. 创意设计 [M]. 武鼎明，金梅，译. 黑龙江：黑龙江科学技术出版社，2013.

[22] 佟军伟. 2013 首届金创意国际空间设计大赛获奖作品集 [M]. 天津：天津大学出版社，2014.